献给我的父亲：

悲观论者和怀疑论者

沃尔特·内格尔

目 录

前　言

　　哲学涵盖的论题范围很广，但它关注的问题始终有一部分与人生①相关：如何理解人生，以及如何度过人生。本书的文章就与人生相关：探讨其目的、意义、价值，还有关于意识的形而上学。其中有些论题没有得到分析哲学家们的充分注意，是因为对它们很难做出明晰、精确的论述，很难把那些够格作哲学论述的抽象问题从事实与情感的混杂中剥离出来。要着手解决这样的难题，必须运用这样一种哲学方法，它不但要达到理论的理解，还要达到个人的理解，它力图把理论的成果融入人的自知之明的框架之中，从而实现两者的结合。这种方法势必包藏风险。因为，广泛而重大的问题极易引出浮夸而文不对题的答案。

　　每一个理论领域都面临夸大与抑制、遐想与严密、扩张与精确之争。避免了一端的过度，很容易陷于另一端的过度。钟情于庄重的风格，可能会导致对严密性的要求不耐烦，而对晦涩难懂反倒能够容忍。一种传统的缺陷往往反映它的长处，分析哲学里的问题正好相反。说英美哲学家回避重大问题，并不完全正确。首先，没有什么问题能比那些处于分析哲学中心的形而上学、认识论和语言哲学的问题更深刻、更重要。其次，分析的规则对于近来探索陌生领域的尝试十分有利。然而，怕说废话的担心产生了强有力的约束作用。在逻辑实证主义消亡很久之后，分析哲学家们一直注意谨慎从事，并注意用最新的专门知识装备自己。

不难理解，执着于某些标准或方法，会使人集中注意能用那些方法检验的问题。这可能是一种完全理性的战略选择。但是它经常伴有一种倾向，即按照现有的解决方法来界定合理性问题。这种习惯不仅出现在学术问题上，也出现在政治问题和社会问题的讨论中，在那里，它以现实主义或实用主义的名义出现。它能给人小小的安慰：使人不至于忽视了现实而重要的问题；但是在任何领域尤其是哲学领域里，这种习惯是荒唐的。当我们必须发掘新的方法以及与之相应的标准来处理那些不能用现有的研究程序解决的问题时，才会发生有意义的结果。有些时候，直到方法发展之后才会对问题做出完的解释。努力避免含混、模糊、缺乏根据的断言，对证据和论点坚持高标准，的确很重要。但是其他的衡量标准也很重要，而按照有些标准，就很难保持事物的整齐划一。

---

① "Life"这个意义丰富的词，在本书中根据语境有不同译法，如"人生"、"生命"、"生活"等。——译者

我本人在哲学上赞成什么、反对什么，不难说明。我认为，人们应当相信问题甚于答案，相信直觉甚于论据，相信多元论的不和谐甚于系统化的和谐。明白易懂和精确简练从来不是认为某一哲学理论为真的理由：恰恰相反，它们往往是认为该理论为假的依据。假定某个无可辩驳的论证导致一个直觉上无法接受的结论，人们就应设想，这个论证很可能存有人们无法察觉的某种错误，虽然也有可能是错误地认同了造成该直觉的某种缘由。如果论证或系统的理论思考推出直觉地看来没有意义的结论，如果对某一问题的一个简洁答案不能消除认为该问题仍然存在的信念，如果对某一问题并不真实的证明使我们仍然想要提出该问题，那就说明该论证有毛病，还需要做更多工作。往往必须对问题重新作出表述，因为对原先表述的恰当回答未能使有问题的这种感觉消失。在哲学里，高度重视对未解决问题的直觉，始终是明智的：因为在哲学里，我们的方法始终本身就是成问题的，而且这是随时准备抛弃它们的一个途径。

　　把这些有关哲学习惯做法的观点连接在一起的是这么一种设想：哲学要造成理解，就必须使人信服。就是说，它必须制造或摧毁信仰，而不是仅仅提供一整套说话的规则。而信仰不同于言辞，不应处于意志的控制之下，不管它是怎么被激起的。它应当是不由自主的。

　　当然，信仰经常被意志所控制；它甚至可能是被迫的。

政治信仰和宗教信仰便是明显的例子。但是我们发现，在纯粹理智的背景下，受控制的心智处于更加微妙的形态。它最强烈的动机之一，就是对信仰本身的单纯渴望。患有这种饥渴症的人觉得，在任何一个时期对某个他们感兴趣的问题没有见解，那都是无法忍受的。每当他们可以舒服地采纳另外一种意见时，他们会轻易地改变他们的见解，但是他们不喜欢处于悬而不决的状况之中。

　　这一点可以通过不同的方式表现出来，它们全都清楚地体现在主体的态度上。一种是迷恋系统化的理论，希望得出普遍适用的结论。另一种是偏爱鲜明的二分法，要求在正确与错误两者之间作出选择。还有一种倾向则是，之所以采纳某一观点，只是因为有关该论题的所有其他可能想到的观点都已被驳倒。以这样的理由采纳某种观点，只能是出于对信仰的一种极度渴望。对于那些没有信念就活不舒坦、但又无法弄清何者为真的人来说，解脱自己的最后一着便是断言在所争论的那个领域里本无对错可言，因此无须决定应当相信什么，相反，可以干脆地决定，说自己爱说的话，只要前后一致；否则就游离于执迷不悟的理论对手的斗争之外，采取超然的旁观态度。

　　在哲学中要想避免肤浅，像在其他任何地方一样困难。而没有充分估计问题的难度就给出解答的情况，又太容易发生。人们所能做的一切，只能是努力保持对答案的一种渴望，对长期找不到答案的一种宽容，对直觉尚未得到解释就遭搁置的心有不甘，以及对表达清楚、论据有力的合理标准的一种坚持。

也许有些哲学问题本来就没有答案。我猜想那些最深刻、最古老的问题便是如此。它们向我们表明我们的理解力的限度。如果是那样，我们所能获得的这种悟性便要靠牢牢抓住问题而不是放弃问题，从而理解每一次寻求答案的新尝试所遭到的失败，以及从前那些尝试的失败。（正是为此，我们才研究柏拉图和贝克莱那样的哲学家的著作，虽然没有人会接受他们的观点。）无法解答的问题并不因为无法解答而成为虚假的问题。

撰写本书的文章既有内在的起因，也有外在的缘由。它们所谈的问题各不相同，但是，对个体的人生观及其与各种非个人的实在概念的关系这一问题的兴趣，使它们连接在一起。有关这个问题在本书第十四章作了总体的论述，它的出现突破了哲学内部的界线，从伦理学延伸到形而上学。同样出于对主观性在一个客观世界中的地位的关注，引发了论述心的哲学、论荒诞、论道德运气的文章。自从我开始思考哲学，这始终是我的兴趣中心，决定着我所研究的问题以及我所想要达到的理解的性质。

本书有些文章写于美国人正令人遗憾地忙于一场令人遗憾的战争期间。这使我愈发感到自己的理论研究的荒诞性。

即使对我们中间那些爱国情感比较淡薄的人来说，公民身份仍是一种令人惊讶的强大约束。我们每天带着愤怒和厌恶的心情阅读报纸，那与阅读有关另一个国家的罪行大不一样。那些情感导致20世纪60年代后期哲学家论述公共争端的严肃著作数量增多。

不过，对公共政策的哲学批判带有另一种不同的荒诞性。道德判断和道德理论当然可用于公共问题，但是它们显然不起作用。当涉及重大的利益时，不管论证有多充分，不管它们如何呼吁宽容、博爱、同情和公平，都极难改变任何事情。这些考虑还得与更加基本的道德情感如荣誉感、酬报感以及对实力的尊崇感等较量。在我们这个时代，后面这些情感更受看重，因为要保持荣誉，必须具备进攻能力，必须抵制博爱，所以在政治论证中谴责侵犯行为、强求利他主义或博爱便很不明智。当然，荣誉这个概念是有弹性的，也许最终可以扩大到包括宽容的某些要求。不过那不是此时此地道德意识的一般形式。

因此，对于把伦理学理论看作为公众服务的一种形式，我持悲观态度。只有在相当特殊的条件下，道德论证才可能对人们的所作所为产生影响，我对这些条件也不很了解。（需要从历史学和道德心理学对它们进行研究，但是自从尼采以来，哲学家们对这些重要的尚待发展的课题都过于忽视。）仅仅使某一行为的非正义性或某项政策的不正确性令人瞩目地显示出来，当然是不够的。还得要人们愿意听，而那并不是论证所能决定的。我说这话只是想强调，关于哪怕是最当前的公共问题的哲学著述，也仍然是理论的，不能根据它的实践效果来衡量。它很可能是无效的；而如果在理论上它并不比其他与社会问题无关的作品深刻，就不能仅仅因为它关注公众事务而声称它更为重要。我不知道改变世界和理解世界两者哪个更重要，不过要评判哲学，最好还是依据它对理解的贡献，而不是它对事件进程的贡献。

资料来源

第十三章和第十四章在这里是第一次发表。第一章到第十二章原先刊登之处如下。本书收录时作了许多修订,包括对某些篇名的更动。

1. 《理性》,第 4 卷,第 1 期 (1970 年 2 月)。此处重印得到韦恩州立大学出版社同意。

2. 《哲学杂志》,第 68 卷,第 20 期 (1971 年 10 月 21 日)。

3. 《亚里士多德学会学报》,增补第 50 卷 (1976 年)。这是对伯纳德·威廉斯相同题目论文的答复。

4. 《哲学杂志》,第 66 卷,第 1 期 (1969 年 1 月 16 日)。

5. 《哲学与公共事务》,第 1 卷,第 2 期 (1972 年冬季号),同时刊有 R.B.布兰特和 R.M.黑尔的答复。

6. 《公共道德与私人道德》,斯图尔特·汉普夏尔编 (剑桥:剑桥大学出版社,1978 年)。

7. 《哲学与公共事务》,第 2 卷,第 4 期 (1973 年夏季号)。

8. 1977年在斯坦福大学坦纳讲座（Tanner Lecture）中发表，刊登于《评论报》（1978年）。此处刊登得到坦纳讲座基金会同意。

9. 《知识、价值与信仰》，小H.特里斯特拉姆·恩格尔哈特和丹尼尔·卡拉汉编（纽约，哈得孙河畔黑斯廷斯：社会、伦理与生命科学学院，1977年）。

10. 《道德作为一种生物学现象》，G.S.斯坦特编（柏林：达勒姆会议，1978年）。

11. 《综合》，第20卷（1971年）。

12. 《哲学评论》，第83卷（1974年10月）。

第一章 死 亡

如果死亡是我们的存在确定的、永恒的结局，那么就产生一个问题：死亡是不是一件不好的事。

关于这个问题，人们的意见显然各不相同。有些人认为死亡是可怕的；另外一些人则不反对死亡本身，虽然他们希望自己不要早死也不要受痛苦。持前一种观点的人往往认为后面那种人对明显的事实视而不见，而后面那种人则认为持前一种观点者错在事理混淆不清。一方面可以说，生命是我们所有的一切，它的丧失是我们可能蒙受的最大损失。另一方面可以反驳说，死亡免除了它的主体这一想象中的损失，而且如果我们认识到，死亡并非是持续存在的人的一种无法想象的状况，而只是一段空白，我们就明白它可能没有任何价值，无论是肯定的，还是否定的。

因为我不想谈论我们是否或者能否达到某种形式的不朽这个问题，在这里我将干脆地使用"死亡"这个词或它的同源词来指称永恒的死亡，而没有任何形式的有意识的生存作为补充。我想要问，死亡是否本身就是一件坏事；它会是多大的坏事，以及会是何种性质的坏事。就是相信有某种形式的不朽的人也会对这个问题感兴趣，因为人们对待不朽的态度必定在某种程度上取决于他们对待死亡的态度。

如果死亡在根本上是一件坏事，那不会是因为它的肯定性特征，而只可能是因为它从我们夺走的东西。一种自然的观点认为死亡是一件坏事，因为它结束了生活所包含的所有好的东西。我将努力探讨与这种观点相关的种种难题。我们无需在此描述这些好的东西，而只需注意其中的某一些，如知觉、欲望、活动以及思想，它们极为普遍，以致成为人的生活的本质内容。尽管事实上它们既是快乐的条件也是痛苦的条件，而且有许多更加值得注意的坏事也许会压过它们，人们仍广泛认为它们本身具有令人惊叹的好处。我想，所谓只要活着就好、好死不如赖活，无非就是这个意思。情况大致如下：有一些因素，如果添加到人们的经历中去，会使生活更美好；还有另一些因素，如果添加到人的经历中去，会使生活变得更糟。但是如果把这些因素都撇开，剩下的东西并非只是中性的：它显然是肯定的。所以，哪怕经历中不好的因素很多，好的因素太少而且不足以压倒不好的因素，生活还是值得一过。这种额外的肯定力量是由经历本身而不是由它的任何成分所提供的。

我不准备讨论一个人的生命或死亡对于其他人可能具有

的价值，或它的客观价值，而只讨论它对于作为它的主体的那个人所具有的价值。在我看来，那是首要的问题，而且是困难最大的问题。让我补充两个观察资料。第一，生命的价值及其内容并不与单纯的机体生存相连：在即刻死亡与即刻昏迷不醒直到二十年后死亡两者之间做选择，几乎没人会感兴趣（如果其他方面相同的话）。第二，像大多数好的东西一样，时间会使之成倍增长：多比少好。这额外的数量不必是时间上连续的（虽然连续性有它社会性的好处）。长期假死或冷冻，然后重新开始神志清醒的生命，这种可能性对人们很有吸引力，因为他们内心会认为这就是他们现在生命的延续。如果这些技术在什么时候完善了，外部所看到的三百年休眠期，在主体的经验里可能不过是他所经历的角色的一次突然中断。当然，我不否认，这有它本身的不足之处。在此期间，家人和朋友可能已去世；语言可能发生了变化；社会、地理和文化可能变得不熟悉，这些都可能带来不适应。不过，这些不便之处不会抹煞继续存在的基本好处，虽然是中断过的存在。

如果我们从生命的好处转向死亡的坏处，情况就完全不同了。实质上，虽然关于它们的详细说明会有一些问题，我们认为生命中值得想望的无非是某些状况、某些条件或某些活动类型。我们认为的好处是，活着，做着某些事、有着某些经历。而如果死亡是一件坏事，令人讨厌的并不是处于死亡的、不存在的、无意识的状态，而是生命的丧失。①这种不对称十分重要。如果说活着是好事，那么可以认为它属于人一生中的各个时期。这种好处，巴赫所享有的比舒伯特多，就因为他活得更长。但是，不能因此就说死亡是件坏事，而莎士比亚比普鲁斯特承受了更大份额。即使死亡是一种损失，也很难说出某人何时受到此损失。

还有另外两点可以表明，我们不喜欢死亡，并不只是因为它造成长期的不存在。首先，如我已经提到过的，我们大多数人不会认为生命的暂时中断，哪怕是相当长期的中断，本身是一种不幸。如果真能把人冷冻起来而不减少他神志清醒时的寿命，就不必怜悯那些暂时中止血液循环的人。其次，在我们出生（或被怀上）之前，我们都不存在，但没人认为那是一种不幸。关于这一点我以后还要谈。

不把死亡看作一种不幸的状态，这个观点使我们能够驳斥一种古怪而又很常见的意见。谈到人们恐惧死亡的原因，常有人说，那些怕死的人所犯的错误在于试图想象死去会是什么样。据说，由于认识不到这个任务在逻辑上是无法完成的（出于陈腐的理由：没什么可想象的），他们就坚信死亡是一种神秘的因而令人恐惧的未来状态。但是这个判断显然是错误的，因为要想象完全无意识的状态和想象死亡的状态

---

① 有时候人们认为，我们真正在乎的是濒临死亡的过程。不过要是濒临死亡后面并不跟着死亡，我也不会真的反对它。

一样不可能（虽然从外部想象自身处于这两种状态之一并无困难）。然而，对死亡不乐意的人通常并不对无意识不乐意（只要它不会实际缩短神志清醒时的总寿命）。

如果我们要理解死亡是不好的事情，其理由必定在于，生命是好事，死亡则是与之相对的剥夺或损失，不好不是由于任何肯定性特征，而是由于它所消除的有利条件。现在我们必须转而对付这个假说产生的严重困难，一般地说，关于损失和剥夺的困难，尤其是，关于死亡的损失和剥夺的困难。

基本上有三种类型的问题。首先可以提出的疑问是，实际上并未使某人感到不合意的事情是否可能成为对他不好的事？具体地说，可以怀疑，是否有这样的坏事，它仅仅是某种可能的好处的剥夺或缺乏，而且也不论某人是否在意这种剥夺或缺乏？第二，就死亡而言，还有一些特别的难题，即如何把这种设想的不幸归属于某个主体？它的主体是谁？他何时经历这一不幸？全都存有疑问。只要某人存在着，他就还没死，而一旦他死了，他就不再存在；所以，即使死亡是一种不幸，看来也没有什么机会能把它归于它的不幸主体。第三种困难，涉及前面提到的我们对死后的不存在与出生前的不存在的不同态度。如果后者不是不幸，那前者又怎么会是不幸？

应当承认，如果把这些看作对死亡是坏事的有效反驳，它们也将适用于其他许多想象中的坏事。第一种反驳意见用一般的普通说话方式来表达，就是你所不知道的事伤害不到你。这就是说，即使某人被他的朋友背叛，被他们在背后嘲笑，以及被那些当面对他客气的人鄙视，这全都算不上他的不幸，只要他不致因此而痛苦。这就是说，如果某人的遗愿被他的遗嘱执行人忽视，或者，在他死后盛行起一种说法，说他赖以成名的所有文学作品其实都是他那位 28 岁死于墨西哥的哥哥写的，他都不会受到伤害。在我看来，值得问一问，这些严格的限制是由哪些关于好坏的假定引出来的。

所有这些问题都与时间有关。当然有些好事和坏事性质很简单（包括某些欢乐和痛苦），某人在某一特定时间拥有它们仅仅是由那个时间他所处的状况所决定。但是并非所有我们认为对某人好或不好的事情全都如此。为了判断某事究竟是不是不幸，常常需要了解他的历史；这也适用于病情恶化、丧失能力、受到损害等情况。有些时候他的经验状态相对而言并不重要，例如对某个浪费生命、乐于研究与天门冬属植物交流方法的人便是如此。有人认为，所有的好事或坏事必定都是人的某种可指出的暂时状态，他无疑是想借更加复杂的好事或坏事所引起的欢乐或痛苦来对困难的实例作出一致的说明。根据这一观点，损失、背叛、欺骗和嘲笑都是不幸，因为当人们明白时会痛苦。但是应当问一问，我们的人类价值观是怎么构成的，为什么正好适应这些情况？这种说明的一个优点也许是，它使我们能够解释为什么发现这些不幸会带来痛苦，这在某个方面使它合乎情理。合乎常情的观点认为，发现背叛者使我们不高兴，是因为被人背叛是件不好的事，而不是因为发现背叛者使我们不高兴才使背叛成为不好的事。

因此在我看来这个观点值得探讨：大多数的好运气与坏运气都有一个人作为它的主体，辨别时应当根据他的历史和潜在可能性，而不是仅仅根据他当下的直接状态；而且，虽然可以把这个主体精确地置于某一时空序列中，对于他所面临的好事与坏事却未必都能如此。[①]

可以用一个严重丧失能力、接近死亡的例子来说明这些观念。假定一个聪明人脑部受伤，导致他的心理状况退化到像个心满意足的婴儿那样，他所残留的欲望可从一个监护人那里得到满足，因此他不用再操心。事态的如此发展会被许多人看作一个严重的不幸，不仅是他的亲友或社会的不幸，而且也是、并且首先是他本人的不幸。这并不是说一个心满意足的婴儿不幸。那个退化到了这种地步的聪明的成年人才是这个不幸的主体。他是我们所怜悯的人，虽然他当然不会在乎他的状况。实际上，是否能够说他还存在着都成了问题。

---

① 有关他所能说的一般的事当然也未必能如此。例如，亚伯拉罕·林肯比路易十四高。但是，在什么时候？

认为这样一个人遭遇了不幸的观点，会遭到与关于死亡的情况同样的反驳。他并不在乎他的状况。实际上这和他在三个月大时所处的状况相同，只不过他现在更大了。如果我们当时不感到要怜悯他，为什么现在要怜悯他？不管怎样，有谁要人怜悯？那个聪明的成年人已经消失，而对于我们面前的这个生物来说，幸福就在于肚子吃饱、尿布不湿。

　　如果这些反驳不正确，肯定是因为它们以一种错误的假设为根据。那就是有关某一不幸的主体与构成这一不幸的环境之间的短暂联系的假设。如果我们不是仅仅注意眼前的这个过大的婴儿，而是考虑他过去所是的那个人，考虑他现在本可能是的那个人，那么他退化到这种状况，他的自然的成熟发展被取消，就构成一种完全可以理解的灾难。

　　这个例子应当使我们相信，把可对某人发生的好事和坏事限定在仅在特定时刻可归之于他的不相关属性上是武断的。这样的限制所排除的不只是这种严重退化的情况，而且排除了许多对成败很重要的因素，以及具有进展性的其他生命特征。不过，我相信我们可以前进一步。有些好事和坏事的相互关联是无可否认的；它们是某人与环境之间关系的特征，人总是受到通常的时空限制，而环境无论在空间上还是在时间上都不可能与他相一致。人的一生包括许多发生在他的身心界限之外的事，而他所碰到的可能还包括许多发生在他的生活界限之外的事。这些界限通常被遭受欺骗、鄙视或背叛等不幸所打破。(如果这种说法正确,那就可以简单说明违背临终诺言为什么不对。这是对死者的伤害。在某种意义上,不妨认为时间只是另一种距离。)智力退化的病例就向我们显示了取决于现实与其他可能选择之间鲜明对照的一件坏事。某人作为好事与坏事的主体,是因为他有受苦和享受的能力,同样也是因为他抱有可能或不可能满足的希望,具备可能或不可能实现的潜能。如果死亡是一件坏事,就必须从这些方面来说明,而无法把它放置在生命之中这一点不应给我们带来困扰。

当某人死去时,他把遗体留给我们。虽然尸体有可能遭到家具可能碰到的那种灾难,它并不是一种合适的怜悯对象。然而,人是。他失去了他的生命,如果他没死,他本可继续生活,并享有生活中一切好的东西。如果把对痴呆症所作的说明用于死亡,我们要说,虽然遭受该损失的个体的时空位置非常清楚,这种不幸本身却不那么容易定位。除了说他的生命已经结束、再也不会重来之外,人们不能要求更多。是那个事实,而不是他过去或现在的状况构成了他的不幸,如果这是个不幸的话。不过,要是说有一个损失的话,必定有某个人受损失,而且他必定具有存在、有时空位置,哪怕损失本身没有这些。贝多芬没有孩子这一事实也许是他感到遗憾的一个原因,也许对世界是件可悲的事,但不能把它说成是他从未有过的那个孩子的不幸。我相信,我们所有能够出生的人都是幸运的。但是除非能把祸福加之于胚胎，或其至加之于一对没有连在一起的配子，否则就不能说未出生是一种不幸。（这是在判定流产或避孕是否与谋杀相近时所要考虑的一个因素。）

这种探讨还为解决卢克莱修提出的时间不对称问题提供了一个答案。卢克莱修说，没有人会因为考虑他自己出生之前的永恒而觉得不安，他用这一点来表明，怕死是荒谬的，因为死亡无非是先前的地狱的镜像。不过，这并不正确，而且这两者之间的区别说明了为什么对它们有不同看法是合理的。确实，某人出生前的时间和他死后的时间都是他不存在的时间。不过，他死后的时间是他的死亡使他无法拥有的时间。如果他没有死，在那个时间里他本来还会活着。因此，任何死亡都必定是其受害者的某种生命的丧失，如果他没有在那时或更早的时间死去的话，他本会享有那一生命。我们清楚地知道，如果他拥有它而不是丧失它会是怎样，而且要确定那个受损失者毫无困难。

但是我们不会说，某人出生前的时间是他本该活着的时间，如果他不是那时而是更早一些出生的话。因为除了早产所允许的很短的时限外，他不可能更早出生。任何比他早出生太多的人都会是另外的某个人。因此在他出生之前的时间并不是他后来的出生阻止他生活的时间。他的出生发生时，不会包含他的任何生命的丧失。

在把种种可能性归之于人或其他个体时，时间的方向至关重要。单个人可能有的特定生活也许会偏离一个共同的起点，但是它们不可能从不同的起点会聚到一个共同的终点。（后者也许不代表某一个体可能有的一组不同生活，而是代表一组可能有的特定个体，他们的生活有相同的终点。）假定有一个可辨认的个体，对他的继续存在可以想象无数种可能性，而且我们可以清楚地构想如果他无止境地继续存在下去会怎样。不管这种情况有多难发生，其可能性仍然在于他的一件好事会延续下去，如果生命就是我们所认为的那件好事的话。①

于是，我们面临一个问题：这一可能性未被实现是否在任何情况下都是个不幸，或者它是否取决于人们可能自然地

---

① 我承认上述论证使我头疼，原因是，要解释我们对出生前和死后的不存在所持态度之间的简单区别，这个问题太复杂。因此我猜想，通过把死亡作为可能性的丧失来分析死亡的坏处，忽略了某种本质的东西。我的猜想得到罗伯特·诺齐克下述意见的支持。我们可以想象，我们发现人从个体的孢子发育而来，孢子在距他们出生前无限遥远的时候就存在了。按这种想象，人绝不可能在孢子永远结束存在一百多年以前自然地出生。但这时我们发现一种方法，刺激这些孢子提前孵化，于是人生了出来，他们在此之前已有几千年的实际生命。假定有这种情况，就有可能想象某人在数千年之前就已开始存在。如果我们撇开这会否真是同一个人的问题，甚至假定孢子的同一性，那么似乎就可得出结论说，某人在某个特定时候的出生可能使他丧失了以前许多年可能有的生命。但是虽然它会成为遗憾的理由，说某人出生得太晚，以致丧失了本来可能有的那么多年生命，这种遗憾还是会不同于许多人对死亡所抱的遗憾。我断定，用被否定的可能性来分析，并未抓住未来永恒虚无的预期。如果是这样，那么卢克莱修的论证仍然有待回答。我猜想需要全面探讨一下我们对待自己生命的过去与未来所持的不同态度。例如，我们对待过去和未来的痛苦所持态度就大不相同。德里克·帕菲特有关这个问题的未发表作品就向我显示了它的难度。

期望的是什么。在我看来，这是认为死亡永远是坏事的观点的最严重困难。即使我们能够驳倒那些意见，承认未被经历的不幸，即不能归之于人的生活中某一确定时刻的不幸，我们仍然必须设立某些限制：一种可能性未被实现而成为一种不幸（或幸运，如果那是一种坏的可能性）有多大可能？济慈24岁早逝被普遍看作一个悲剧；托尔斯泰82岁去世就不然。虽然他俩都将长眠不醒，济慈的早逝使他失去了如托尔斯泰享受到的那许多年生命；因此在某种明确的意义上，济慈的损失更大（虽然不是在通常用于无穷量之间的数学比较的意义上）。然而这并不证明托尔斯泰的损失无足轻重。也许我们只反对那些不可避免的事情之外的坏事；在24岁去世比82岁去世更糟，这个事实并不意味着82岁去世甚至806岁去世就不是一件可怕的事。问题是，我们是否可把人类面临的任何正常限制，比如必死的命运，看作一种不幸。对于鼹鼠而言，失明或接近失明并非一种不幸，如果那是人类的天然状况，也就不会成为人类的不幸。

问题在于死亡会使我们失去生命使我们了解到的好事。我们已经能够欣赏这些事情，而身为鼹鼠则不能欣赏视力。如果撇开对它们是好事的疑虑，承认它们的数量在一定程度上随它们的持续时期而变化，问题仍然存在：不管死亡何时发生，是否可以说它剥夺了其受害者相对有可能延续的生命。

情况难以说清。从外面看，人类显然有一个自然的寿命，不可能活得比一百年长许多。相反，一个人对他自身经历的感觉却没有表现出这种自然限制的观念。他的存在向他表明一种本质上无限的可能未来，包含着他过去觉得很容易接受的好事与坏事的常见混合。自然的、历史的和社会的种种偶然因素的集合把他带到世上，他发现他自己是一个生命的主体，具有一种不确定的、本质上无限的未来。以这种观点看，死亡，尽管无可避免，都是对无限广泛的可能好事的突然取消。常态似乎与它毫不相干，因为我们不可避免都将在几十年里死去这个事实本身并不意味着活得更长不好。假定我们不可避免都将在极度的痛苦中死去——肉体的痛苦持续六个月之久。这种不可避免性能使那种预期变得令人愉快些吗？对于丧失生命来说它能带来什么不同？如果正常的寿命是一千年，80岁去世就会是悲剧。照实际情况看，它只可能是一种更广泛的悲剧。拥有生命是好事，但如果生命的量没有限度，那么也许就会有一种不好的结局正等待着我们大家。

第二章 荒 诞

大多数人有时会感到生活是荒诞的，有些人还非常强烈地、持续不断地感觉到这一点。不过人们在为这种想法辩护时通常所提供的理由显然是不充足的：它们不可能真正解释为什么生活是荒诞的。那么为什么它们又自然地表达出生活是荒诞的这种感觉呢？

一

考虑几个例子。常有人说，一百万年后，我们现在所做的事情没有一件会是重要的。不过，要是这种说法正确的话，那么，出于同样的理由，一百万年后的事也没有一件对现在是重要的。特别是，我们现在所做的事一百万年后不再重要这一点对现在来说无关紧要。不仅如此，即使我们现在所做的事在一百万年后仍然重要，那又怎能使我们消除现在对荒诞的忧虑？如果它们现在的重要性不足以消除现在的荒诞感，它们在一百万年后的重要性又有什么用？

只有当一百万年后的重要性取决于现在的重要性时，我们现在所做的事一百万年后是否重要才可能有决定性的影响。不过那样的话，否认现在发生的任何事情在一百万年后仍会重要，就是以假定为论据来反驳现在的重要性，如此而已；因为在那种意义上，要是人们不知道（例如）某人现在是幸福还是痛苦这一点现在并不重要的话，就无法知道它在一百万年后会不重要，如此而已。

为了表达我们生活的荒诞性，我们所说的话常常与空间或时间有关：我们是茫茫宇宙中的渺小微粒；即使按地质学的时间尺度，我们的生活也只是瞬息之间的事，更不必说按宇宙的尺度了；我们全都随时可能死亡。但是，如果生活是荒诞的，使它成为荒诞的当然不是上述这些明显的事实。因为，假定我们长生不死，持续七十年的荒诞生活如果持续到永恒，岂不成了无穷无尽的荒诞？而如果我们的生活因为我们现有的大小而荒诞，那么，如果我们充塞了宇宙（由于我们更大一些或由于宇宙更小一些），为什么生活就会少一些荒诞？看起来，反思我们的渺小和短暂，与生活没有意义这种感觉有着密切的联系；但究竟是什么样的关联，并不清楚。

另一个不充足的论点是，因为我们将会死亡，所以任何辩护之链都必定会中断：人们学习、工作，为的是挣钱购买衣服、住房、娱乐设施、食品，为的是年复一年地养活自己，也许还要养活一个家庭并谋求事业发展——但是最终的目标是什么？这一切无非是一段走向茫茫虚无的苦心之旅。（人们也可能对其他人的生活发生某些影响，但这只是重复了这个问题，因为其他人也是要死的。）

对这一论证有好几种答复。首先，生活并非是由一系列活动组成、每一活动都由其后的某一活动提供目的。辩护之链重复地结束在生活中的某个目标上，而且整个过程是否能得到辩护，与这些目标的终极性无关。因为头痛服用阿司匹林，参观某位受人崇拜的画家的作品展，阻止一个小孩把手放在炽热的火炉上，全都合情合理，无须做进一步的辩护。无须联系更大的背景或进一步的目的来防止这些行为变得无意义。

即使某人想为通常认为无须辩护的对生活中所有一切的追求提供进一步的辩护，那个辩护也必定会在某个地方结束。如果说没有一件事可以得到辩护，除非用它自身之外的某个已经得到辩护的理由进行辩护，那就产生一个无穷倒退，而且任何辩护之链都不可能是完整的。此外，如果一个有限的推理链什么也辩护不了，一个无限的推理链又能干什么，既然它的每一环都必须由它自身以外的理由来辩护？

既然辩护必定在某个地方结束，那么，在生活中，否认它们在它们似乎结束的地方结束——或者试图把对行为的多种多样的、常常是琐细平常的辩护归为一种单一的控制性生活模式，不会有任何收获。我们可以比那种做法更容易地得到满足。事实上，由于它对辩护过程的错误表述，该论证提出了一个空洞的要求。它坚持说生活中能够得到的推理是不完整的，却由此提出所有得出一个终点的推理都是不完整的。这就使它根本无法提供任何推理。

因此，对于荒诞所作的通常的论证看来不能成立。但是我相信它们是想表达某种难以陈述而又基本上正确的观点。

二

在日常的生活中，当人们的要求或渴望与现实之间有明显的不一致时，这种处境就是荒诞的。例如，某人发表一篇难以听懂的演说，支持一项已经通过的动议；某个臭名昭著的罪犯，摇身变为重要慈善基金会的主席；某人通过电话对着录音装置表白他的爱情；正当某人接受封爵时，他的裤子掉了下来。

当某人发现他的处境荒诞时，通常会努力改变它，或者通过修正他的渴望，或者试图改变现实使之比较符合他的渴望，或者使自己完全脱离那种处境。我们并不总是愿意或能够使自己脱离那种已经显然是荒诞的处境。不过，我们通常都可能想象某种会消除那种荒诞性的变化，不管我们能不能、愿不愿去实现它。当我们觉察到（也许是模糊地觉察到）一种与人类生命的延续密不可分并使其荒诞性不可逃避

（除非逃避生活本身）的膨胀的要求或渴望时，就会产生生活整个就是荒诞的感觉。

许多人的生活是荒诞的，暂时的荒诞或永久的荒诞。这是因为传统的理性必定与他们特殊的抱负、环境以及人际关系发生碰撞。然而，如果有一种哲学的荒诞感，它必定产生于对某种普遍的东西的知觉——使得我们大家都感到要求与现实之间不可避免的冲突的某个方面。我将论证，这种状况的出现是由于以下两方面的冲突：我们对生活持有严肃的态度，但又始终可能把一切我们认为严肃的东西都看作是任意的、可以怀疑的。

我们过人的生活不能不集中精力和注意，也不能不做出一些表明了我们对待某些事情比其他事情更严肃的选择。但是在我们特定的生活方式之外，总还有另一种观点，从那个观点看来，我们的严肃似乎是不必要的。于是两种不可避免的观点在我们心中碰撞，这种冲突使生活变成荒诞的。荒诞就在于我们忽视那些我们明知无法消除的怀疑，不顾它们的存在而继续抱着几乎丝毫不减的严肃态度生活着。

这一分析需要两个方面的辩护：首先是关于严肃性的不可避免性；其次是关于怀疑的不可逃避性。

我们严肃地对待自己，不管是否过着严肃的生活，不管主要关心的是名声、快乐、德行、奢华、胜利、美貌、公正、知识、拯救，或只是生存。如果我们严肃地对待其他人，把自己奉献给他们，那不过是使问题成倍增加。人类生活充满了努力、规划、计算、成功和失败：我们追求我们的生活，只是懒惰和奋发的程度各不相同而已。

如果我们不会退后一步，不会反思这个过程，而只是听凭一个又一个冲动驱使却没有自我意识，情况就不同了。但是人类并不是仅仅根据冲动而行动。他们是审慎的，他们会反思，他们权衡后果，他们会问自己的所作所为是否值得。他们的生活不仅充满在较大的活动中以暂时的结构组合在一起的特定选择；他们还在最广阔的范围里决定追求什么、回避什么，在众多的目标中哪些应当优先，以及他们想要做或会成为怎样的人。面对这些选择，有些人不断做出重大的抉择；有些人只是反思他们的生活所经历的过程，把它看作无数小决定的结果。他们决定与谁结婚，从事什么职业，是否加入乡村俱乐部或抵抗组织；或许他们只是诧异为什么他们继续做推销员、学者或出租车司机，然后，在一段没有结论的思考之后不再去想它。

虽然他们可能是被生活向他们呈现的那些直接的需求所激励而采取一个又一个行动，他们让这个过程继续下去，是因为他们固守一般习惯体系和使这些动机有处存身的生活方式——或者只是因为他们依附于生存本身。他们在细节上花费了无数的精力，冒了无数风险，做了无数盘算。试想一下一个普通人在他的外表，他的健康，他的性生活，他的情感操守，他的社会效用，他的自知之明，他与家庭、同事、朋友之间的关系，他的工作成绩，他是否理解这个世界以及其中发生的一切等方面是如何努力。过人的生活是一项专职的工作，每一个人都为之事事关切几十年。

这个事实显而易见，以致人们很难发觉它的不同寻常和重要之处。每一个人都过着自己的生活——与自己一天二十四小时共处。还要他干什么呢？难道过另外某个人的生活？但是人类具有特殊的能力，他们会后退一步观察他们自己，还有他们投身其中的生活。他们所用的目光是他们注视着一个蚂蚁奋力向沙堆上爬时那种超然的目光。他们并不幻想能够逃离他们极其特殊的特异境地，但是他们可以从永恒的角度（*sub specie aeternitatis*）看待它——那一角度既是庄重的又是可笑的。

采取这关键的后退，并不是由于辩护之链要求进一步的辩护而又无法辩护。对那种抨击方法，我已经做过反驳；辩护总有一个终点。不过，正是这后退一步，对它的观察对象提出了普遍的怀疑。我们后退一步发现，支配我们的选择并支持我们的合理性要求的整个辩护与批评系统，所依赖的是我们从未置疑的反应与习惯。对于这些反应和习惯，除了循环论证以外，我们不知道如何去为它们辩护，而且即使在它们受到怀疑之后，我们仍将继续坚持它们。

我们没有任何理由，并且也不需要任何理由就去做或就想要做的那些事情（那些为我们规定什么是理由、什么不是理由的事情），正是怀疑论者的出发点。从外部看自己，我们所有的目标和追求的偶然性与特殊性就变得一目了然。但是当我们以这样的眼光去看并承认我们的行为是任意的时候，它并不使我们脱离自己的生活，我们的荒诞性就在这里：荒诞并不在于可以不让我们有这种外部的眼光，而是在于事实上我们自己能够采取这种眼光，同时仍然是对自己的终极关怀抱有冷静思考的人。

三

为了摆脱这一地位，人们试图寻找更广泛的终极关怀，从那里是不可能后退的。他们认为，荒诞之所以产生，是因为我们严肃地对待渺小的、无关紧要的、个别的事情。力图给自己的生活提供意义的人们，通常会想象在某个大于他们自身的事业中的角色或职责。因此，他们追求在为社会服务、为国家服务、为革命服务、为历史进步服务、为科学发展服务以及为宗教和上帝的荣耀服务中实现自己的抱负。

但是在某个更大的事业中的角色并不给人以重大意义，除非该事业本身是意义重大的。而且它的意义必须能够返回到我们所能理解的事情上来，否则甚至看不出它会将我们正在追求的东西给予我们。如果我们得知，我们被喂养是为了给其他爱吃人肉的生物提供食品，它们计划在我们变得太瘦之前把我们切成肉片——那么，即使我们知道人类被动物饲养者培育正是为了这一目的，那也仍然不能给我们的生活以意义。理由有二。第一，对于那些其他生物的生活所具有的重大意义，我们仍然一无所知；第二，虽然我们可能会承认，充当食品这一角色会使我们的生活对它们有意义，却仍然不清楚这又如何使我们的生活对我们有意义。

诚然，通常为一个更高级的存在服务的形式与此不同。例如，人们应该可以看到并分享上帝的荣耀，而小鸡则不可能以这样的方式分享酒焖仔鸡的荣耀。为一个国家、一项运动或一场革命服务也是如此。当人们成为一个更大的存在的一部分时，他们最终会感到它也是他们的一部分。他们不太为自身特有的东西操心，而是把自己认同于那个更大的事业，在其实现中找到自己的作用。

然而，任何这样的更大的目标，都可以像个体生活的目标一样被提出质疑，而且是出于同样的理由。在那里寻找最终的辩护，同更早一些在个体生活细节中寻找辩护一样合乎情理。但这改变不了一个事实，即当我们满足于让它结束并认为不再需要进一步弄清它时，辩护会达到一个终点。如果我们可以从个体生活的目标后退并怀疑它们的意义，我们也可以从人类历史的进步、科学的进步、一个社会的成功或上帝的国度、权柄和荣耀后退，以同样的方式对所有这一切提出质疑。那些看来能给予我们意义、辩护、重要性的东西之所以如此，是因为事实上我们在达到一定程度后不再需要更多的理由。

在个体生活的有限目标上引起不可避免的怀疑的东西，在使人们感到生活富有意义的更大的目标上同样会引起不可避免的怀疑。一旦这种根本的怀疑产生出来，它就不可能被消除。

加缪在《西西弗斯神话》中强调，荒诞之所以产生，是因为世界未能满足我们对意义的要求。这就使人以为，如果世界不像现在这样，它就可能满足那些要求。但现在我们可以明白，情况并非如此。看来，对于任何一个可想象的（包括我们在内的）世界，都会产生无法解决的疑问。因此，我们的处境的荒诞性并非产生于我们的期望与世界之间的冲突，而是产生于我们自己内心的冲突。

四

人们可能反驳说，那些应当使人们感觉到这些疑问所在的立足点并不存在——如果我们照提议后退，就会无处立足，没有任何根据可去评判我们应当观察到的自然反应。如果我们保持评判重要性的通常标准，那么，有关我们所作所为对我们生活的重大意义的问题就可以按通常方式回答。如果我们不保持通常标准，那么，那些问题对我们就没有任何意义，因为关于什么事情重要的观念已经不再有任何内容，而且没有什么事情重要的观念也不再有任何内容。

不过这个反驳误解了后退一步的性质。它并不能让我们知道什么是真正重要的事情，从而让我们从对照中明白我们的生活是无足轻重的。在这些思考的过程中，我们决不放弃指导我们生活的通常标准。我们只是观察它们的效用，并且承认，如果人们对它们提出质疑，我们只能参照它们本身为它们做无用的辩护。我们固守这些标准是由于我们组合在一起的方式；如果我们的构成方式不同，对我们来说显得重要、严肃、宝贵的那些东西就会是另一个样子。

的确，在日常生活中，我们不会判定某一情境荒诞，除非我们心里有某些严肃、重大、和谐的标准与之对照，才可能显出某一情境的荒诞来。关于荒诞性的哲学评判并不隐含这种对照，而且可以认为，如果有这种含义，用这个概念来表达这种评判就不合适了。但是，哲学评判的情况与此不同，它所依靠的另一种对照使哲学评判成为更加普通的实例的一种自然延伸。它与它们的区分仅仅在于把生活的要求与一个更大的、其中不可能发现任何一种标准的背景相对照，而不是与一个可以适用其他压倒一切的标准的背景相对照。

五

在这个方面和其他方面一样，哲学上的荒诞感类似于认识论上的怀疑论。就这两者来说，最终的哲学的怀疑并不与任何无可置疑的确定性形成对照，虽然它是从证明或辩护系统内的怀疑的实例推断出来，而在那个系统里确实隐含着与其他确定性的对照。就这两者来说，我们的局限性与一种在思想上超越那些局限性的能力共存（由此视其为局限性，并且是不可避免的局限性）。

当我们把自己包括在我们声称认识的世界里的时候，怀疑论就开始产生。我们注意到，某些类型的证明使我们信服，关于信仰的辩护在某些地方结束使我们满意，我们感到我们知道许多事情，虽然不知道或没有根据相信，我们所拒绝承认的东西如果为真的话，会使我们声称知道的事情变成虚假。

例如，我知道我正看着一张纸，虽然我没有充足的理由声称我知道我不是在做梦；而如果我是在做梦，那么我就不是在看一张纸。这里我用表面现象可能与现实不一致的通常概念来说明，我们在很大程度上将我们的世界视为理所当然；我们不是在做梦，这一点的确定性无法辩护，除非用循环论证，就是用那些受到怀疑的表象来论证。我可能在做梦这一说法有点牵强；不过提出这种可能性只是为了说明问题。它表明，我们声称知道，取决于我们不觉得有必要排除某些不相容的可能性，而做梦的可能性或幻觉的可能性只不过是我们大都想象不到的无数可能性的代表。①

一旦我们后退一步以一种抽象的观点看待我们整个信仰、证明和辩护的体系，并看出不管用什么借口，只有当在很大程度上将这个世界视为理所当然时它才起作用，我们就没有可能把所有这些表象与另一个不同的现实相对照。我们无法摆脱我们的通常反应，如果我们能够摆脱它，我们也没有任何办法去构想任何一种现实。

在实践的领域里同样如此。我们不能走出我们的生活，走到一个新的有利地位，从那里看到客观上有真正重大意义的事情。我们仍然在很大程度上将生活视为理所当然，虽然我们明白，我们所有的决定和确定之所以可能，是因为存在大量我们不想费心去排除的决定和确定。

认识论的怀疑论和一种荒诞感，都可以从我们所接受的证明和辩护系统内提出的初始怀疑中得出，并且不必侵犯我们的一些通常概念，就能加以说明。我们不仅可以问为什么我们应当相信我们脚下是一层地板，而且还可以问为什么我们应当相信我们感觉的证据——在某种程度上这些可想象的问题会比答案更持久。同样，我们不仅可以问为什么要吃阿司匹林，而且还可以问为什么我们要费力去减轻自身病痛。

---

① 我知道，人们普遍认为关于外部世界的怀疑论已经被驳倒，但是在伯克利接触过汤普森·克拉克有关这个问题的大都尚未发表的观点后，我仍然相信它的不可反驳性。

我们会服用阿司匹林而不必等待对后一个问题的回答，这一事实并不表明它是一个假问题。我们也会继续相信脚下是一层地板而不必等待对另一个问题的回答。在这两个例子里，正是这种未经证实的自然信念造成了怀疑论的怀疑；因此不能用它来解决它们。

哲学的怀疑论并不促使我们放弃我们通常的信念，但是它给它们增添了一种奇怪的特征。在承认它们的真理性与我们没有理由认为不存在的种种可能性之间并不相容之后——那些已被提出质疑的信仰中的理由除外——我们带着一种嘲讽和无奈回到自己所熟悉的信念。无法放弃它们所依赖的自然反应，我们带着它们回来，就像配偶中的一方与第三者私奔，后来又决定回家一样；不过我们对它们的看法不同了（在这两种情况下，新的态度未必都比不上过去的态度）。

在我们向我们对待自己的生活以及一般人类生活所持的严肃态度提出质疑并且不带预设地看待我们自己之后，就会出现同样的情境。然后我们回到自己的生活，因为我们必须回去，但我们的严肃中带上了一点嘲讽的意味。那种嘲讽无法让我们逃离荒诞。要是我们无论做什么事，总是嘟嘟哝哝地说："生活真没意思；生活真没意思……"那是毫无用处的。我们还是继续生活、继续工作、继续奋斗，无论我们说些什么，在行动上我们还是严肃地对待自己。

在信仰上和在行动上一样，支持我们的不是理性或辩护，而是某种比它们更根本的东西，因为在确信理性无能为力之后，我们还是继续以原来的方式行事。[①]如果我们试图完全依赖理性，给它沉重的压力，我们的生活和信仰就会崩溃。如果以理所当然的态度看待世界和生活的那种惯性力量多少丧失了，就会出现某种形式的精神失常。如果我们放走了那个惯性力量，理性不会把它还给我们。

六

用一种比我们肉眼更广阔的视野来看待我们自己，我们便成为自己生活的旁观者。我们不太可能做我们自己生活的纯粹旁观者，因此我们继续过自己的生活，投身于自己的生活，同时能以观看稀奇之物的态度看着它，仿佛观看一种陌生宗教的仪式。

这就解释了为什么荒诞感要用本文开头列出的那些站不住脚的论点作为它的自然表达。提到我们渺小的身体、短暂的寿命以及所有人类终将消失、不留痕迹的事实，都是后退一步的隐喻；后退一步使我们可以从外部看待我们自己，发

---

① 如休谟在《人性论》的一个著名段落里所说："十分幸运的是，虽然理性无法驱散这些疑云，自然本身却能达到那一目的，或者通过放松这种心理倾向，或者通过某种业余爱好和我感官的生动印象，来治疗我的这种哲学忧郁和迷狂，消除所有这些妄想。我就餐，我玩双陆棋，我和朋友愉快地谈话；在经过三四个小时的娱乐之后，我再返回来看这一类思辨时，就觉得它们那样冰冷、那样牵强、那样可笑，以至于发现自己无心再继续进行这类思辨了。"（第1册，第4章，第7节；塞尔比-比格版，第269页）

现我们生活的特殊方式是奇怪的、有点令人惊讶的。借助于想象一种星云的视角，我们要说明这种不带预设地看待我们自己的能力，我们是这个世界上任意的、特异的、非常独特的居住者，是无数可能有的生命形式中的一种。

我们的生活的荒诞性是否令人遗憾、是否有可能规避？在转向这个问题之前，我想考察一下，如果要避免它，我们必须放弃些什么。

为什么老鼠的生活不荒诞？月球绕轨道运行也不荒诞，不过它的运行没有任何奋斗目标。老鼠却必须为了活命而觅食。然而它不荒诞，因为它缺乏那种能使它明白它只是一只老鼠的自我意识能力和自我超越能力。一旦它明白它只是一只老鼠，它的生活就会变得荒诞，因为自我觉知不会使它不再做老鼠，也不可能让它超越它作为老鼠的奋斗。带上它新发现的自我意识，它仍然必须回到它那贫乏却又狂乱的生活中去，满怀着它无法回答的疑问，但也满怀着它无法放弃的目标。

假定那个超越性的一步是我们人类天生具有的，我们能够拒不迈出那一步并完全停留在我们的尘世生活中，从而避免荒诞吗？我们不能有意地拒绝，因为要那样做，我们必须知道那个我们正在拒绝接受的观点。要避免这个至关重要的自我意识，唯一的方法是，要么从来就没有它，要么遗忘它，而这都不是能用意志来达到的。

相反，有可能进一步加大努力去消除荒诞的另一种成分，即放弃人们尘世的、个体的、人类的生活，以便尽可能完全地认同那种使人类生活显得随心所欲、无足轻重的普遍观点。（这似乎是某些东方宗教的理想。）如果人们做到了，他们就不必拖着那种高傲的自知过着一种紧张而庸俗的生活，而荒诞性将会消失。

然而，这种自我弱化是努力、意志力、苦行主义等的结果，就此而言，它要求人们把自己作为个体来严肃地对待——要求人们甘于花大力气去避免动物般的荒诞生活。因此人们可能因为过于努力地追求脱俗的目标反而损害了它。此外，如果某人完全放纵他的个体的、动物的本性，凭着冲动做出反应，在追求他的种种需求时不确定一个主要的中心目标，那么他可能以极大的分裂为代价，达到一种比大多数生活略少一点荒诞的生活。当然，那也不是一种有意义的生活；不过它不会在苦苦追求世俗目标的过程中保持一种超越的自知。而那正是荒诞性的主要条件——强迫一种怀疑的超越意识为一种内在的、有限的事业（如人的一生）服务。

最后的逃避是自杀；不过要是明智的话，就应该在做出任何匆忙的结论之前先考虑一下：我们的存在的荒诞性是否真给我们带来了一个难题，而且必须为它找到答案，找到解决显而易见的灾难的办法。加缪对待这个问题的态度无疑正是如此，其理由就在于，事实上我们全都急于在一个较小的范围里逃脱荒诞的境地。

加缪拒斥自杀以及他认为是逃避主义的其他解决方法，但他缺乏一致的充分理由。他提倡挑战或嘲弄。他似乎认为，向着一个对我们的呼吁听而不闻的世界挥舞拳头，而且尽管如此仍继续生活，便能挽救我们的尊严。这样做不会使我们的生活变得不荒诞，但会使它们获得某种高尚意味。①

在我看来这是浪漫的，带有一点自怜自爱。我们的荒诞性并不是那么多苦恼或挑战的理由。冒着从另一条路线堕入浪漫主义的风险，我要论证，荒诞性乃是有关我们的最具人性的事情之一，因为它表现了我们最高级、最有趣的特征。像认识论的怀疑论一样，它之所以成为可能，只是因为我们具有某种卓识——在思想上超越我们自己的能力。

如果对荒诞的感觉是感知我们真正处境的一种方式（虽然在这种感知产生之前，那处境并不荒诞），我们有什么理由怨恨它或逃避它呢？像认识论上的怀疑论一样，它产生于一种理解我们人类局限性的能力。它未必是一件痛苦的事，除非我们使它成为痛苦。它也未必要激起对命运的挑战性蔑

---

① "诸神中最卑微的西西弗斯，毫无权力，想要反抗；他知道他的恶劣处境究竟糟到什么程度，他在下降时想到的正是这种状况。洞察处境造成了他的痛苦，但同时也使他获得最大的胜利。轻蔑能够战胜任何一种命运"（《西西弗斯神话》，贾斯廷·奥布赖恩英译，纽约：古典书局，1959年，第90页；第一版，巴黎：伽利玛出版社，1942年）。

视，好让我们为自己的勇敢而自豪。这类戏剧性行为，哪怕是在私下进行，也表明人们未能充分领会这一处境在宇宙中的微不足道。如果从永恒的角度出发，没有理由相信有什么事是重要的，那么，那一点也并不重要，我们可以用嘲讽而非英雄主义或绝望去对待我们的荒诞生活。

第三章　道德运气

康德认为，运气的好坏不应当影响我们对某人及其行为的道德判断，也不应当影响他对自己的道德评估。

善的意志之所以是善的，不是由于它所造成或达到的结果，也不是由于它对实现某种预定目标的适当性；它之所以是善的，仅仅由于它的愿望，就是说，它本身是善的。而且，就它本身来考虑，对它的估价应当无可比拟地高于它所可能带来的任何结果，任何有利于某一倾向甚至所有倾向之总的结果。即使万一发生如下情况，由于命运特别不济，或者由于狠心的自然界提供的必需条件严重不足，使这种意志竟然完全没有力量实现其目标，如果尽最大努力也不能使它达到它的目的，如果剩下的只有那善的意志（不是作为一种单纯的愿望，而是使尽我们所掌握的所有方法），它仍会放射出宝石般的光芒，因为它自身拥有它的全部价值。无论是富有成效还是毫无结果，都既不会增加也不会减少这种价值。①

对于恶的意志，大概他也会说同样的话：它是否达到它的罪恶目的，在道德上是不相干的。如果某一行为本应为其坏结果而受到谴责的话，就不能因为碰运气变成好结果而被证明是正当的。不能有道德上的冒险。这个观点看上去是错的，但它是在回答一个有关道德责任的根本问题时出现的，对这个问题，我们还没有满意的答案。

问题产生于道德判断的通常条件。不经过思考，人们会直觉地相信，在并非由人们的过错引起、或由超出他们控制能力的因素引起的事情上，不能从道德上对人作评估。道德判断不同于说某件事情是好还是不好这种评价，或对事态的评价。除了道德判断之外，后一种评价也可以存在，但是当我们因为某人的行为而责备他时，我们并不只是说发生了这些行为不好，也不是说他存在着这一点不好：我们是在对他做判断，是在说他不好，这不同于说他就是件不好的事。这类判断只用于某种对象。虽然无法确切地解释为什么，但我们觉得，只要发现行为或属性不在人的控制之下，那么不管它是好或不好，道德评估的适用性多半就丧失了。虽然其他

---

① 《道德形而上学的基础》，第 1 节，第 3 段。

的评价仍然存在，这一评估却似乎失去了立足点。因此，由无意的行动、自然力或不了解环境所造成的明显的失控，就成为人的行为不接受道德判断的理由。但是，除了这些方面，我们的所作所为还在更多的方面取决于不受我们控制的因素——用康德的话说就是不由善的意志或恶的意志造成的因素。而在这个更大范围内的外部影响通常并不被看成人的行为不接受道德判断的理由，不管是肯定的判断，还是否定的判断。

让我举几个例子，就从康德所想的那种情况说起。我们想要做的事是成功还是失败，几乎总在某种程度上取决于某些不受我们控制的因素。谋杀、自我牺牲、革命、为了其他人而放弃某些利益——几乎任何道德上重要的行为，无不如此。做了些什么事，什么事要接受道德判断，部分是由外部因素决定的。不管善的意志本身多么可贵，把人从着火的大楼里救出去，同在救他时把他从十二层楼窗口扔下去，两者之间存在道德上的重大差别。同样，莽撞驾车同过失杀人之间存在道德上的重大差别。但是，某个莽撞的司机是否撞上一个行人，取决于在他莽撞地闯红灯时行人是否在那个地方出现。我们的所作所为也受到我们所面对的机会与选择的限制，而这些大都由不受我们控制的因素所决定。如果纳粹从未在德国掌权，那个曾在集中营里当军官的人本来也许会过着平静无害的生活。而在阿根廷度过平静无害的生活的某个人，如果当初没有为了做生意而在1930年离开德国的话，也可能会成为集中营里的军官。

以后我还会说到这些例子和其他的例子。我在这里提到它们，是为了说明一个一般观点。凡在某人所做之事有某个重要方面取决于他所无法控制的因素，而我们仍然在那个方面把他作为道德判断对象，那就可以称之为道德运气。道德运气可能好，也可能不好。这个现象所提出的问题导致康德否认它的可能性。这个问题就是，经过仔细考察发现，这里所确定的大范围的外部影响，似乎同较小范围的常见开脱条件一样，无疑会削弱道德评估。如果始终一致地运用控制这个条件，就可能侵蚀大多数我们认为自然要做的道德评估。人们为之接受道德判断的事情受到那些不受他们控制的因素制约，而且其制约形式比我们最初了解到的要多。当根据这些事实对过失和责任提出似乎很自然的要求时，那些未经思考提出的道德判断没有几个能不受影响。归根结底，一个人的所作所为没有一件或几乎没有一件是由他控制的。

那么，为什么不下结论说，控制这个条件是错误的，是一个初看似乎有理但却被明确的反例驳倒了的假设？那样的话，人们可能就会寻找更精确的条件，挑出那些确实削弱某些道德判断的失控的条件，而不至于产生从较大范围的条件引出的不可接受的结论，即大多数或所有通常的道德判断都是不合理的。

这条逃路不通，因为我们所对付的并非一种理论的猜想，而是一个哲学的问题。控制这个条件的提出，本身并不只是作为对某些明确实例的概括。在超出原先的方向把它扩展到其他一些例子时，它似乎是正确的。当我们考虑使控制不存在的新方式来削弱道德评估时，我们不仅发现从这个一般假设可能得出的推论，而且会真正信服：在这些情况下，不存在控制本身也是至关重要的。如果对它的运用考虑到对事实的更完整更精确的说明，道德判断受到削弱，便不是作为一种过分简单的理论的荒谬推论，而是作为通常的道德评估概念的自然推论而出现的。因此，根据结论的不可接受性而论证需要对道德责任条件做不同的说明将是错误的。认为道德运气自相矛盾，这并不是一个伦理的或逻辑的错误，而是觉察到了这种直觉可以接受的道德判断条件势将完全破坏道德判断的一种方式。

它与哲学的另一个领域即知识论领域的情况相似。那里也有似乎完全自然的条件，在对要求知识的权利进行挑战或辩护的通常程序里提出这类条件，如果始终如一地运用，就可能使所有这样的权利丧失。大多数怀疑论的论证都有这种特性：它们并不依靠由误解而得出的专断严格、强加于人的知识标准，而是必然地从通常的标准始终如一的运用中产生出来。[1]这里也有一种本质的相似，因为认识论的怀疑论产

---

① 参见汤普森·克拉克：《怀疑论的遗产》，载《哲学杂志》，第69卷，第20期（1972年11月9日），第754—769页。

生于这一考虑：在某些方面，我们的信念及其与现实的关系取决于某些我们无法控制的因素。外在的和内在的原因造成我们的信念。为了尽力避免差错，我们可以对这些过程加以仔细审查，但是我们在这一层面得出的结论，在一定程度上也产生于某些我们无法直接控制的影响。无论我们的调查进行到什么程度，情况都是如此。说到底，我们的信念始终由我们无法控制的因素引起，要完全囊括那些因素而又不受其他因素的支配是不可能的，这就使我们怀疑自己到底是否知道些什么。看起来，如果我们的这些信念中有些是真的，那么它纯粹是生物学运气，而不是知识。

道德运气与此相像，因为道德评估的自然对象有许多方面不受我们控制，或者说受到不由我们控制的因素的影响，在我们考虑这些事实时，不可能不失去对判断的把握。

大体上有四种情况，使道德评估的自然对象令人不安地受运气摆布。一是生成的运气这种现象：你是这样一种人，这不只是你有意做什么的问题，而是你的倾向、潜能和气质的问题。另一种情况是人们所处环境的运气：人们面临的问题和情境。还有两种涉及行为的原因和结果：人们如何由先前环境决定的运气，以及人们的行动和计划结果造成的运气。它们全都有一个共同的问题。有一种观念与它们全都对立，那就是，人们最应该为之受到谴责或敬重的事情应当是受他控制的那个部分。由于某人无法控制的事情，或者由于它们对他在一定程度上能够控制的结果的影响，而给予或免除对某人的信任或责备，看来是不合理的。这类事情也许会产生行动的条件，但是只能在行动超出这些条件而不只是由它们产生这个方面对行动进行判断。

我们首先从事情的结果方面考虑好运气和坏运气。在上面引用过的那段话里，康德心里想着一个这样的例子，不过这种情况包括的范围很广。它包括那个意外地撞倒一个小孩的卡车司机，那个抛弃妻子和五个孩子而献身于绘画的艺术家，[1]以及其他的成败可能性都更大的例子。那个司机如果一点过失都没有，他会对他在事故中充当的角色感到可怕，但不必责备他自己。因此这个行为者遗憾（agent-regret）[2]的例子还不是道德坏运气的事例。但是，如果那司机为了自己哪怕十分微小的疏忽而内疚——例如近期内没有检查他的刹车——并且如果这一疏忽与小孩的死有关，那么他就不会仅仅感到可怕了。他会为小孩的死而责怪自己。这就成为

---

[1] 这个以高更的生平为原型的例子，是伯纳德·威廉斯在《道德运气》（《亚里士多德学会会报》，增补第 1 卷［1976 年］，第 115—135 页）一文中论述的（本文原是对该文的答复）。他指出，虽然事先无法预测成败，高更在回顾这一决定时的最基本感情将由他的才能发展情况决定。我不同意威廉斯的地方在于，他的解释没有说明，为什么可以把这种回溯性的态度说成是合乎道德的态度。如果成功不能让高更向别人证明他自己是正确的，却仍然决定他的最基本感情，那就表明他的最基本感情不必是合乎道德的。它并不证明道德受制于运气。如果回溯性的判断是道德的，它将意味着事先所做的一个假设性判断是正确的："如果我离开家庭并成为一个伟大的画家，我的成就将证明我原来的举动是正确的；如果我没有成为一个伟大的画家，这个举动将是不可原谅的。"

[2] 威廉斯语（同上引）。

道德运气的一个例子，因为如果没有出现要求他突然猛力刹车以避免撞到小孩的情况，为了那个疏忽本身他本来只需轻微地责备自己。在两种情况下，那个疏忽是同样的，而司机无法控制一个小孩是否跑到他行车的路上来。

对于更高程度的疏忽，情况同样如此。假设某人饮酒过度，他的车突然转弯冲到人行道上，如果路上没有行人，他可以认为自己在道德上是幸运的；如果路上有行人，他将为了他们的死亡受责，并且很可能以过失杀人罪被起诉。而如果他没有伤到人，虽然他的疏忽完全一样，他违犯法规的程度却要减轻许多，他对自己的责备以及其他人对他的责备当然都要减轻许多。再看另一个法律例子，对企图谋杀的处罚要比谋杀成功的处罚轻得多——虽然在两种情况下，行凶者的意图和动机可能是相同的。他的有罪程度似乎取决于受害者是否正好穿着防弹背心，或者是否有一只鸟正巧进入子弹飞行的路线——这些都是他无法控制的。

最后，还有在不确定的情况下做决定的例子，这在社会生活和私人生活中都很常见。安娜·卡列尼娜与渥伦斯基一起出走，高更离开他的家庭，张伯伦签署《慕尼黑协定》，十二月党人说服他们管辖的军队起义反抗沙皇，美洲殖民地宣布它们从英国统治下独立，你介绍两个人相亲。在所有这些例子中，人们总是感到，根据当时所了解的情况，做出某种决定应该是可行的，不管事情的结局如何，指责他们都会是不合适的。但是情况并非如此；当某人以这些方式行动时，他就把他的生活或者他的道德立场掌握在他的手中，因为事情结果如何决定了他所做之事。从当时所能了解的情况这个角度出发评估该决定也是可能的，但是故事并非到此结束。如果十二月党人在 1825 年成功地推翻尼古拉一世并建立起一个立宪政体，他们将成为英雄。事实上，他们不仅失败并为之付出了代价，而且被说服跟他们走的军队受到可怕的惩罚，对此他们也负有一定的责任。如果美国的革命受到更强大的镇压而遭到血淋淋的失败，那么，杰斐逊、富兰克林、华盛顿依然做出了崇高的努力，甚至可能义无反顾地走上绞刑台，不过他们也会为了由此给他们的同胞带来的后果责备自己。（或许努力走和平改良的道路最后能取得成功。）如果希特勒没有蹂躏欧洲，没有屠杀几百万人，而是在占领苏台德以后死于心脏病突发，张伯伦在慕尼黑的行动仍然会是对捷克人民的严重出卖，不过它将不会成为一个使他的名字变得家喻户晓的巨大道德灾难。[①]

在许多困难的选择中都无法确定地预见结果。事先对选择做某种评估是可能的，但另一种评估必须等结果出来，因为结果决定了所做之事。对于意图、动机或关注中应受同样

---

① 关于用历史来证明的问题，莫里斯·梅洛-庞蒂作过非常有趣但道德上令人反感的论述，参见《人道主义与恐怖行动》（巴黎：伽利玛出版社，1947年），英译本（波士顿：灯塔出版社，1969年）。

责备或赞扬的东西，可适用的判断范围极广，包括肯定的或否定的判断，取决于在做出决定后究竟发生了什么。犯罪意图可以在没有任何后果的情况下存在，但是这并没有穷尽道德判断的理由。在包括疏忽大意乃至政治选择在内的一大批确凿无疑的伦理案例中，实际结果对谴责还是敬重产生了影响。

这些是真正的道德判断而不是暂时态度的表达，这一点很明白，因为事实上人们可以事先说明道德裁定将如何取决于结果。如果某人打开浴缸龙头放水，粗心地把小孩放在浴缸里自己却走开，事后当他急匆匆往楼上浴间跑的时候，他就会意识到，要是小孩溺水了，他就做了件极可怕的事，而如果小孩没事，他就只是粗心了一点。某人发动一场暴力革命以反对某个极权主义的政权，他知道，如果他失败了，他将为许多无谓的痛苦承担责任，但是如果他胜利了，结果将证明他是正当的。我不是说，任何行动都可以倒过来由历史来证明。有些事情本身就那么糟，或者那么危险，没有任何结果能使它们变成好事。不过，当道德判断确实依靠结果而做出时，它是客观的、永恒的，不会随着由成败而产生的观点变化而变化。事后的判断从一个可以在事先做出的假设性判断推出，这种判断，不仅是行为者，其他的人也一样可以轻易地做出。

从那种认为责任取决于控制的观点看来，所有这一切似乎都是荒谬的。罪行的大小取决于一个小孩是否跑到某人行车的路上来，或一只鸟是否撞到某人的枪口上来，这怎么说得通？或许实际所做之事的确不仅取决于行为者的心理状况或意图。于是问题就在于：为什么在广义上把道德评估的根据放在人们所作所为上不是不合理的呢？这就等于不仅要他们承担他们自己的那份责任——假定一开始他们有某些责任的话——而且要他们承担命运的那份责任。如果我们考虑疏忽犯罪或企图犯罪的案例，其模式似乎为：全部罪行相当于心理或意念过错的产物以及后果的严重性。在不确定的情况下做出决定的案例就没有这么容易解释了，因为一般判断似乎可以随结果而变换，甚至可能从肯定的判断变为否定的判断。不过，减去决策之后出现的偶然因素即仅在当时可能的因素的影响，根据概率集中对实际的决策做出道德判断，这似乎也是合理的。如果道德判断的对象是人，那么坚持要他在广义上对他所做之事负责就类似于严格责任，这也许在法律上有用，但是作为一个道德命题似乎是不合理的。

这样一条思路的结果是，把每一个行为削减为它道德上的基本内核，一种用动机或意图来评估的纯粹意志的内在行为。亚当·斯密在《道德情操论》里提倡这样一种观点，但他指出，这与我们的实际判断背道而驰。

但是，当我们在按这一方式抽象地思考时，不论我们看起来如何会被这条公正的公理说服而相信它的真理性，当我们碰到具体的实例时，在任何行为之后发生的实际后果都会极大地影响我们对行为的功过所持有的意见，而且几乎总是会增强或减弱我们对功过的辨识力。也许在任何一个例子里，经过仔细考察后，都很少会发现我们的意见完全受这一规则控制，虽然我们全都承认应当用这条规则来控制它们。①

乔尔·范伯格 (Joel Feinberg) 进一步指出，把道德责任的范围限制在内心世界不会使它免受运气的影响。行为者无法控制的因素，例如一阵咳嗽，完全可能影响他的决定，就像它们可能影响他枪膛里射出子弹的路线一样。②不过，削减道德评估范围的倾向是无所不在的，并且没有把它自身局限于效果的影响。可以说，它想通过分离生成的运气，把意志同其他方面隔离开来。我们下一步就考察这一点。

康德特别强调，气质和性格的特征不受意志的控制，所以与道德不相干。富有同情心或冷漠无情这些特征可能提供一个背景，在这背景下服从道德的要求多少有些困难，不过它们本身不能成为道德评估的对象，而且很可能干扰对它本

① 第 2 章，第 3 节，导言，第 5 段。
② 《成问题的法律责任与道德责任》，载乔尔·范伯格：《所作所为与应得赏罚》(普林斯顿：普林斯顿大学出版社，1970 年)。

来的对象——意志根据责任动机所做的决定——确信的评估。这就排除了对许多优点和缺点的道德判断，这是些影响选择的性格状态，但又肯定不是有意以某些方式行事的倾向所能穷尽的。某人可能生性贪婪、妒忌、怯懦、冷酷、吝啬、刻薄、虚荣或自负，但由于意志的极度努力，他的举止无可指摘。具有这些缺点，在某些特定的环境下就不可能不产生某些特定的情绪，就有强烈的自发的冲动做出不好的行为。即使某人控制住这些冲动，他仍然有这一缺点。妒忌的人忌恨其他人更大的成功。即使他真诚地向他们致贺，也没有做任何事以贬低或破坏他们的成功，在道德上仍然可以谴责他的妒忌。同样，自负也无须显示出来。它充分地表现在某人身上，这个人止不住窃窃自喜，认为自己的成就、才能、美貌、智力或德行都在别人之上。这样一种特性在一定程度上可能是以前的选择的产物；它可能在一定程度上被当下的行为所改变。但它大致上是个生成的坏运气的问题。然而人们因为这样的特性在道德上受谴责，又因为另外一些同样不受意志控制的特性受赞扬：它们因为它们像什么而受评估。

　　对康德来说这似乎是不一致的，因为美德是对每一个人的要求，所以原则上必须对每一个人都是可能的。它也许对某些人来说比较容易些，而对另一些人则比较困难些，但它必须是通过正确的选择而可能达到的，不管有怎样的性格背景。[①]人们也许想要有一种慷慨的气度，或因为没有这种气度而觉得遗憾，但是为了一种不受意志控制的特性而谴责自己或其他任何人是毫无意义的。谴责意味着说你不应当像这个样子，而不是说你这样真不幸。

然而，康德的结论在直觉上仍然是无法接受的。我们也许会被说服，相信这些道德判断是不合理的，但是一当论证结束，它们又不由自主地重新出现。这就是贯穿这一主题的模式。

我们要考察的第三种是人们所处环境的运气，我将简单地提一下。要求我们去做的事，我们所面临的道德检验，在很大程度上是由不受我们控制的因素决定的。在一种危险的情境下，某人也许的确会有或怯懦或英勇的表现，但是，如果没有出现这种情境，他就没有机会以这种方式出名或丢脸，他的道德记录也将会不一样。[②]

---

① "如果自然没在某人的心里安放同情，如果他尽管是个正直的人，却生来性格冷酷，对别人的痛苦无动于衷，那么，这也许是因为他具有忍耐、刚毅的特殊禀赋，他期望甚至要求别人也有同样的性格（这样一个人当然不会是自然最低劣的产品），他不会从自己身上找一个价值源泉，使自己从中获得比做一个性情温和的人所能获得的高得多的价值吗？"（《道德形而上学的基础》，第1节，第11段）。

② 参阅托马斯·格雷：《写在一个乡村教堂墓地的挽诗》——
　　某个沉默不语、湮没无闻的弥尔顿也许就在此安息，
　　还有某个没有沾染祖国鲜血的克伦威尔。
环境方面的道德运气有一个不常见的例子，那就是一种道德两难地，某人可能面对并非由他的过失造成的局面，但是这种局面却使他无法做任何正确的事情。参见第5章；以及伯纳德·威廉斯：《伦理的一致》，《亚里士多德学会学报》，增补第39卷（1965年），重印于《自我的问题》（剑桥：剑桥大学出版社，1973年），第166—186页。

这方面的一个明显例子是政治的例子。纳粹德国的普通公民曾经有一个机会表现他们的英勇，那就是反对纳粹政权。他们也曾有机会行凶作恶，而且他们中的大多数人由于没能经受住这一考验理应受到谴责。但是其他国家的公民未曾经受过这种考验，而结果，即使他们或他们当中一部分人在相同的环境下本来可能会像德国人一样表现很差，但他们没有这种实际表现，因而不应受同样的谴责。这里人们在道德上又一次受到命运的摆布，仔细想想这似乎是不合理的，但是没有它，我们通常的道德态度将会无从辨别。我们针对人们实际所做或没能做到的事来判断他们，而不是仅仅根据如果环境不同他们本来可能会做什么来判断。①

这种根据现实情况作道德结论的形式也是悖理的，不过我们可能开始明白，在道德责任这个概念里，悖论埋得有多深。一个人只能对他的所作所为负有道德责任；但是他的所作所为产生于大量他没有做的事；因此他不能对他负有责任或不负有责任的事承担道德责任。（这不是一个矛盾，却是

---

① 环境运气可以扩展到个人行为以外的情境的某些方面。例如，在越南战争期间，即使是那些从一开始就强烈反对他们国家行为的美国公民，也常常感到与它的罪行有牵连。在这里他们根本没办法负责；他们也许不能做任何事情来阻止正在发生的事，因此受牵连的感觉似乎是无法理解的。但是，以看待其他国家的罪行的眼光来看待自己国家的罪行，这几乎是不可能的，虽然在这两种情况下，人们同样没有力量阻止这些罪行。某人是一个国家的公民之一，就与它的行为有了某种关联（哪怕只是通过不能不缴的税款而产生联系），那是他与其他国家的行为之间不会有的某种关联。这就使人有可能为自己的国家感到羞耻，并感到作为 20 世纪 60 年代的一个美国人，自己是道德坏运气的受害者。

一个悖论。)

显而易见，这些关于责任和控制的问题与一个更加熟悉的问题即意志自由问题之间有着某种联系。这就是我想要探讨的最后一种道德运气，虽然在本文中，我只能指出它与其他类型的道德运气的联系。

如果说对于由不受人们控制的因素产生的人的行为后果，或对于不受人们意志支配的人的性格特征所构成的人的行为前提，或对于使人们不得不做出道德选择的环境，人们都不能负责，那么，如果意志本身的行为是不受意志控制的先前环境的产物，人们又如何能够对赤裸裸的意志本身的行为负责？

在这样仔细的考察下，真正的意志力的作用范围，以及合理的道德判断的范围，似乎就缩小成了一个没有广延的点。一切似乎都是那些不受自由意志控制的、先于或后于行为发生的各种因素共同影响的结果。既然他无法为这些因素负责，他也就无法为它们的结果负责，虽然他仍然可能做出与由此表现出来的道德态度类似的审美评价或其他评价。

当然，也可以厚着脸皮拒绝接受这些结论，实际上，我们一旦停止思考这种论证，它们就似乎变得不可接受了。无可否认，如果周围的特定环境有所不同，一个邪恶的念头也许就不会造成不幸的后果，严重犯罪的行为也就不会实施；但是既然环境没有不同，而那个行为者极其残酷的谋杀行为事实上得逞了，那就是他所做之事，他就必须对此负责。同样，我们可以承认，如果先前的某些环境有所不同，那个行为者也许不至于变成会做那样一种事的人；但是，既然他确实变成了他所是的那种坏人（作为那些先前环境的必然结果），变成了犯下那样一种谋杀罪的人，他就应当为此承担罪责。在这两种情况下，人们都是为他们实际所做之事负责，虽然人们实际所做之事在一些重要方面取决于那些不受他们控制的因素。对我们的道德判断所做的这种兼容并包的说明，会为通常的责任条件——缺乏压制，无知，无意识的运动——留下余地，作为判定某人所做之事的一部分条件，但是对它的理解则不排除大量他未做之事的影响。①

　　这个解答的唯一不当之处是，它未能说明怀疑论的问题是如何产生的。因为它们并非由一种外部强加的任意要求所产生，而是由道德判断本身的性质产生的。通常有关某人所做之事的概念，应该说明为什么有必要从中减去任何纯粹偶然发生的事——哪怕这种减去的最终结果是什么也留不下来。通常关于知识的概念，应该说明为什么任何对不受主体控制的信念的影响会削弱知识，以至于没有一个自主理性的靠不住的基础就不可能有知识。但是让我们把认识论放在一

────────────

① 认识论上与此相应的观点是，知识由以某种方式形成的正确信念组成，它不要求认识者掌握该过程的所有方面，无论是现实地还是潜在地。因此，这些信念的正确性以及得出这些信念的过程，在很大程度上都取决于运气。诺贝尔奖奖金不会发给结论错误的人，不管他们的推理有多卓越。

边，集中看一看行为、性格和道德判断。

我认为，问题之所以产生，是因为当我们把人的行动和冲动都并入事件一类之后，那个做出行动并成为道德判断对象的自我就有被瓦解的可能。对某人做道德判断，不是判断他所碰到的事，而是对他做判断。它不是只说某件事或某种事态是幸运的，还是不幸的，甚至是可怕的。它不是对世界的某种状况的评价，或对作为世界一部分的某一个体的评价。我们不只是想，如果他不是这样，如果他不存在，如果他没有做他所做的某些事，情况会更好一些。我们是在判断他这个人，而不是他的存在或他的特性。一味注意那些不受他控制的因素的影响，结果会使这个应负责任的自我消失，淹没在一系列纯粹的事件中。

可是，我们所考虑的某个人必须成为这些道德态度的对象究竟是什么意思？虽然意志力的作用这个概念很容易被削弱，要给它一个肯定性描述却十分困难。这种情况在论述自由意志的文献中十分常见。

我认为，在某种意义上，这个问题无法解决，因为意志力的作用这个概念与作为事件的行为和作为事物的人有某种无法相容之处。当有关某人所做之事的外部决定因素逐渐显露出来，包括它们对后果、性格和选择本身的影响等，行为是事件而人是事物这一点就越来越清楚了。最后并没有剩下什么能够归于那个应负责任的自我，留给我们的只有一大堆事件中的一个部分，我们可以为它感到遗憾或高兴，但却无法责怪它或赞扬它。

虽然我无法界定主动的自我这个已被削弱的概念，却可以谈谈它的起源。我们对于自身的感情与我们对于他人的感情之间有一种密切的联系。内疚与愤慨、羞愧与轻蔑、骄傲与赞赏，都是同一种道德态度的内外两个方面。我们不可能把自己看作仅仅是世界的一个部分，什么是我们与什么不是我们，什么是我们做的与什么是我们碰上的，什么是我们的人格与什么只是偶然的障碍，对于它们之间的界线，我们内心都有一个大致的概念。我们把同样在基本上是内在的自我概念用到他人身上。对自己我们感到骄傲、羞愧、内疚、悔恨——还有行为者-遗憾。我们不认为我们的行为或性格仅仅是幸或不幸的插曲——虽然它们也可能是那样。我们不可能只是用一种外在的观点来评价我们自己——我们最本质的东西和我们所做之事。甚至当我们看到我们不能为我们自己的存在、我们的本性、我们必须做出的选择以及造就我们行动后果的环境负责时，仍然是这样。那些行动仍然是我们的，我们仍然是我们自己，尽管那些似乎要让我们不再存在的推理很有说服力。

在对其他人进行道德判断，对他们而不是他们的合意性或有用性进行判断时，我们把上述内在观点延伸到其他人身上。我们拒绝把自己局限于外在的评价，也把这种拒绝延伸到其他人身上，我们承认他们的自我就如承认自己的自我一样。但是在这两种情况下，这种态度突然碰上了令人不快却又无可否认的问题：人们以及与人有关的一切都被包括在一个世界里，他们无法与这个世界分离，他们不过是这个世界的某些成分。在我们抗拒外在观点的同时，它却把自己强加给我们。强加的一种方式就是通过删减偶然发生的事来逐渐侵蚀我们所作所为。①

把后果包括在我们所做之事这个概念中，也就是承认我们是世界的一部分，不过由此出现道德运气的自相矛盾性，说明我们不能采用这样一种观点，因为它使我们无法承担任何人的责任。决定论取消责任这个现象也说明了同样的问题。一旦我们把我们或其他某个人所作所为的一个方面看作偶然发生的，我们就无法理解它已被做出这个概念，无法理解我们能够对行为者而不只是偶然发生的事做判断。这可以说明为什么意志力的作用这个概念更容易接受决定论的存在，而不再是其不存在——这一点经常引起注意。在这两种情况下，人们都是从外部去看行动，把它看作事件过程的一部分。

不去说明意志力作用的内在概念以及它与跟其他价值类

---

① 参见 P. F. 斯特劳森有关客观态度与个人反应性态度之间冲突的论述：《自由与不满》，载《英国科学院学报》，1962 年，重印于 P. F. 斯特劳森编：《思维与行为哲学研究》（伦敦：牛津大学出版社，1968 年），以及 P. F. 斯特劳森：《自由与不满及其他论文》（伦敦：梅休因出版社，1974 年）。

型对立的道德态度的特殊联系，就无法理解道德运气问题。我没有提供这样一种说明。要确定这个问题在多大程度上得到了解决，只能看这一概念与那些使得我们无法控制我们所作所为的诸多方面之间的互不相容性，是否在某种程度上清晰可见。在那个题目上，我也没能提供任何东西。不过，光是说我们对自己和其他人的基本道德态度由现实决定，这还不够；因为它们也面临着那个现实性的来源的威胁，以及从外部看待行为的观点的威胁，当我们看到我们的一切所作所为都属于一个并非由我们创造的世界时，就不得不接受这种外部的观点。

第四章　性反常

我们使用性反常这个概念，这一事实说明，有些关于性的问题需要了解。人们指责这个概念无法理解，我想对它进行考察，为它作些辩护，并试图清楚地说明，人类性活动的哪些因素使它有可能为反常留下余地。让我从这个概念如果可行就必定适用的一般条件谈起。这些情况不需要任何详尽的分析就能被接受。

首先，如果存在任何性反常的话，它们必定是在某种意义上反自然的性欲望或性行为，虽然对于自然与不自然之间区别的说明无疑是主要的问题所在。第二，如果有什么事是反常的话，那么，某些行为，如恋鞋癖、兽奸、性虐待狂等，就会是反常；另一些行为，如自然的性交等，就不是反常；对于另外一些行为，则存在争议。第三，如果存在反常，那将会是不自然的性癖好，而不只是出于性癖好之外的其他原因所采取的不自然行为。因此，避孕，即使认为它是性功能和生殖功能的有意反常，也不能有效地把它归为性反常。性反常必定暴露在表现出一种不自然的性偏好的行动上。而尽管在选用避孕用品这方面也许存在某种形式的恋物癖，那并不是对其用处的通常解释。

性与生殖之间的联系和性反常没有关系。后者是一个具有心理学意义而不是生理学意义的概念。我们不会把这个概念用到低级动物身上，更不用说植物了，而它们全都具有可能以各种方式走入歧途的生殖功能。（试想一下无籽橘。）在讨论反常时我们会涉及高级动物，这是因为它们在心理学上而不是解剖学上同人类有相似之处。此外，我不把人类性生殖功能方面的任何偏离，如不育、流产、避孕、堕胎，看作性反常。

也不能根据社会的非难或习俗来界定性反常概念。试想一下所有反对通奸和私通的社会。这些并不被看作反自然的行为，而是在其他一些方面被认为是不可接受的。确实，对于什么行为是反自然的，不同的文化有不同的标准，不过这种分类并非仅仅表示不赞成或不喜欢。事实上，它经常被看作不赞成的理由，这就表明，这种分类具有独立的内容。

我将以有关性欲和性的相互作用理论为基础，对性反常提出一种心理学的解释。为了探讨这个解释，我将首先考虑一种相反的观点，它为否认有任何性反常存在，甚至否认这个词的意义的怀疑论辩护。怀疑论的论证是这样进行的：

"性欲无非是食欲的一种，就像饥饿和干渴一样。它本身可以有各种不同的对象，或许有些对象比其他对象更常见些，但没有一种在任何意义上是'自然的'。一种食欲被确定为性欲的根据，是使它的满足可在一定程度上局部集中的那些器官和性感带，以及形成那一满足的核心的特殊的感官快感。这就使我们可以承认许多迥然不同的目标、活动和欲望是与性有关的，因为原则上可以认为，任何东西都可能产生性快感，都可能引起对它的并非有意的、蕴藏性激情的欲望（作为条件反射的结果，如果没有其他因素的话）。对于其中一些欲望，我们可能缺乏同感，对于一些欲望，如虐待狂，还可能因为不相干的理由而感到厌恶，但是一旦我们注意到它们符合与性有关的标准，在那一方面就无须多说了。它们要么是与性相关的，要么是不相关的：对于性，不能做不完美、反常或任何诸如此类的描述——它不是那样的属性。"

这也许是普遍公认的极端观点。它使人想到，为一种心理学的解释辩护，也许要以否认性欲是一种食欲为代价。但是只要那条辩护路线是说得通的，它就让我们对怀疑论所依靠的那种对食欲的简单描述产生疑问。或许通常的食欲，如饥饿，也不能归为那种意义上的纯粹食欲，至少就人类情况而言是如此。

我们能够想象出任何可以称之为美食学上的反常的东西

吗？饥饿与进食，像性一样，既履行了生物学上的职能，也在我们的内心生活中发挥了举足轻重的作用。注意，如果有人想吃没有营养的东西，没有人会把这说成是食欲反常：如果某人喜欢吃纸头、沙子、木头或棉花，我们不大会认为他食欲反常。那些不过是相当古怪、很不健康的口味：它们不具有我们说到反常时所预期的那种心理复杂性。（嗜粪癖已经是一种性反常，可以不去考虑它。）如果与此相反，某人喜欢吃刊有食物图片的烹调书和杂志，甚至比吃普通的食物更喜欢——或者当饥饿时，他就抚摸从他喜欢的饭店拿来的餐巾或烟灰缸，从中获得满足——那么，反常这个概念也许就适用了（称之为美食学上的恋物癖就很自然了）。如果某人只能吃从漏斗里塞到他喉咙里的东西，或者只能吃活的动物，我们说他是美食学上的反常就很自然了。起作用的是欲望本身的怪异，而不是欲望的对象与它所履行的生物学职能之间的不相称。即使是一种食欲，如果它除了生物学职能之外还有一种重要的心理学结构，那么也有可能存在反常。

在饥饿的例子里，心理复杂性是由给予它表现的活动提供的。饥饿不只是一种可以通过进食来消除的不安感；它是对外部世界可食用部分的一种态度，是以相当特殊的方式对待它们的一种欲望。摄食的方法，如咀嚼、品尝、吞咽、欣赏食物的质地和香味等，与食物的被动性和可控性一样（我们活吃的动物只有无抵御能力的软体动物），都是该关系的重要组成部分。我们与食物的关系也取决于我们的大小：我们不像蚜虫或蠕虫那样附在食物上面或钻入其内。其中有些特征比其他特征更主要，不过对进食做出恰当的现象学描述，就要把它看作与外部世界的一种关系，以及以一种特殊的属性占有那个世界的若干小部分的一种方式。于是，如果移置或严重限制进食欲望，以致破坏饥饿的自然表达即人与食物的直接关系，就可以称之为反常。这可以说明为什么美食学上的恋物癖、窥淫癖、裸露癖甚至美食学上的虐待狂和受虐狂都是不难想象的。其中有些反常是相当常见的。

如果我们可以想象饥饿这样的食欲的反常，也就应当能理解性反常的概念。我的意思不是说性欲就是一种食欲，而只是想指出，把它说成是一种食欲，并不妨碍有反常这种可能。像饥饿一样，性欲以它与外部世界某一事物的某种关系作为它特有的对象；只不过这一事物通常是一个人而不是一个煎蛋卷，而且这种关系要复杂得多。这种额外的复杂就为相应的更复杂的反常留下了余地。

性欲是对其他人的一种感情，这一事实可能促使人们对它的心理学内容产生一种虔诚的看法，认为它应当是某种其他态度如爱情的表现，而当它单独出现时，它就是不完全的或非人的。(这样一种观点的极端柏拉图式说法是，性行为无非是想表达某种它们在原则上不可能实现的虚妄企图，在某种意义上，这就使它们全都成了反常。）不过性欲非常复杂，要对它做现象学分析，并不需要把它与任何其他的东西联系在一起。性可以起不同的作用——经济的、社会的、利他的——但是作为与他人的一种关系，它也有它自己的内容。

性吸引的对象是一个特定的个体，他超越了使他具有吸引力的那些属性。当不同的人因为不同的原因——眼睛、头发、身材、笑声、才智——而被同一个人吸引时，我们却认为他们的欲望的对象是一样的。尽管那些情人有不同的性目标，例如，尽管他们的对象包括男女两性，仍然有一种倾向认为他们欲望的对象是一样的。不同的、具体的、有吸引力的特征，似乎都为一种单一的基本感情的活动提供条件，而不同的目标也都为它提供表现。我们通过那些有吸引力的特征研究对那个人的性态度，但是那些特征并不是那一态度的对象。

这与煎蛋卷的例子大不相同。不同的人也许会为了不同的原因而想要它，某人是为了它的松软可口，另一个人是为了它的蘑菇，还有的人则是为了它那芳香加上视觉形象的独特组合；但是我们不会把那个卓越的煎蛋卷奉为真正受他们钟爱的共同对象。相反，我们会说，好几种愿望碰巧集中在同一个对象上：任何具有这些重要特征的煎蛋卷也都可以满足。对人可就不同了，不能用任何具有同样长相、同样抽烟方式的人去顶替一个由这些特征引起的特定性欲的对象。也许它们会重现，但那将是对一个新的特定对象的新的性吸引，而不只是把过去的欲望转移到某个其他的人身上去。（即使新的对象被无意识地等同于一个以前的对象，情况依然如此。）

当我们看到一种心理的交换如何复杂地构成性吸引的自然发展时，上述观点的重要性就会显现出来。如果性吸引的对象不是一个具体的人，而是一个属于某一类的人，那就无法理解了。吸引仅仅是开端，而完成并不仅仅在于表现这种吸引的行为和接触，它还涉及更多的东西。

有关这些问题，我所看到过的最好的论述，见于萨特的《存在与虚无》第三卷。[①]萨特对性欲和对爱情、憎恨、虐待狂、受虐狂以及更多对他人态度的论述，以一种关于意识和身体的一般理论为基础，在这里我们不可能详细阐述这一理论，也不可能采用它。他没有讨论性反常，部分原因在于，他认为性欲望是一个具体化的意识与他人的存在达成协议的永恒企图的一种形式，这种企图在这一形式中是注定要失败的，其他任何形式也都一样，包括虐待狂和受虐狂（如果某些更加非人性的偏离还不能确定的话）以及好几种与性

---

① 《存在与虚无》（巴黎：伽利玛出版社，1943 年），黑兹尔·E.巴恩斯英译本（纽约：哲学文库版，1956 年）。

无关的态度。按照萨特的观点，一切企图把他人作为另一个主体纳入我的世界的努力，就是说，既把他理解为我的一个对象，同时又把他理解为以我为对象的一个主体，都是靠不住的，注定要失败而陷于下列两种情况之一。或者我把他完全变作一个对象，那样的话，他的主体性就逃脱了我对那一对象可能达到的占有或占用；或者我变成仅仅是他的对象，那样的话，以我所处的地位我就不再能占用他的主体性。何况，这两种状况也都是不稳定的，每一种都不断处于让位给另一种的危险中。由此得出推论，既然性欲的深层目标原则上是不可能实现的，也就根本不可能存在成功的性关系。因此，这个观点不会允许对成功的完美的性与不成功的不完美的性做基本的区分，因而也不会同意性反常这个概念。

我不接受萨特的这一理论，也不接受它的许多形而上学的基础。使我感兴趣的是萨特对那种企图的描绘。他说，作为性欲对象的那种占有是由"双重的互成肉身"而实现的，而且，典型的爱抚是以下述方式完成的："我使自己变成肉体以便带动他人自为地并为我地实现她自己的肉体，并且我的爱抚为我地使我的肉体诞生，因为这肉体对他人来说是使她诞生为肉体的肉体"（《存在与虚无》，第391页；强调字体为萨特所标）。这里所说的成为肉身，被以各种方式描绘成意识障碍或意识困难，而意识则被使它具体化的肉体所淹没。

下面我希望以比较明确的语言提出我的观点。它与萨特的观点有联系，但又有区别，因为它承认性有时能够达到它的目标，并由此为性反常这个概念提供了立足点。

性欲包含一种知觉，但并不只是其对象的一种单一的知觉，因为在相互欲望的范例中，存在一种重叠的相互知觉的复杂系统——不只是对性对象的知觉，而且是对某人自己的知觉。何况，对另一个人的性觉知首先包含许多自我觉知——比通常的感官知觉所包含的多。这种体验被感受为性对象的观看（或触摸，或其他）对一个人的袭击。

让我们考虑一种能把这些要素分离开来的情况。为了清楚起见，我们一开始将把自己限制在某种隔着一段距离产生欲望的假想状况。假设一个男人和一个女人（就叫他们罗密欧和朱丽叶吧），正在一个酒吧间的两端，墙上有许多镜子，可以让人不被注意地观察别人，甚至不被注意地相互观察。他们俩都在一小口一小口地抿着马提尼酒，并仔细察看着镜子里的其他人。在某一刻罗密欧注意到了朱丽叶。不知怎的，他被她那柔软的头发还有她喝酒时的那种羞怯所打动，这唤起了他的性兴奋。每当 X 对 Y 产生性欲时，我们就说 X 感觉到 Y。（Y 不必是人，而 X 对 Y 的了解可以是视觉的、触觉的、嗅觉的等，或者纯粹想象的；在目前的这个例子里，我们将集中在视觉上。）因此，罗密欧感觉到朱丽叶，而不只是注意到她。在这个阶段上，他是被一个未兴奋的对象唤起了兴奋，因此，他比她更多地受到自己身体的性支配。

但是，让我们假设朱丽叶现在从对面墙上的另一面镜子里感觉到罗密欧，虽然他们都不知道自己被对方看着（镜子的角度提供四分之三的视域）。罗密欧于是开始注意到朱丽叶身上微妙的性兴奋迹象：垂眸凝视，瞳孔放大，面色微红，等等。这当然使她的仪态更加动人，而他不仅注意到也感觉到了这一点。但是他的兴奋仍然是孤独的。不过现在他机敏地根据她凝视的目光测算，虽然没有真正看着她的眼睛，他明白那视线是通过对面墙上的镜子而投向他的。就是说，他注意到并且感觉到朱丽叶正在感觉他。这无疑是一步新的进展，因为这不仅通过他自己的反应，而且通过另一个人的眼睛和反应，给他一种具体化的感觉。而且，这种感觉可与原先对朱丽叶的感觉相分离；因为性兴奋的产生，可能是因为某人感觉到他被人感觉着，并承受着对方欲望的知觉而不只是对方本人的知觉。

但是事情并未到此为止。让我们假设，朱丽叶的反应虽然略迟于罗密欧，但她现在也感觉到他在感觉她。这就使罗密欧得以注意到她因为被他感觉到而兴奋，这又唤起了他的兴奋。他感觉到她已感觉到他在感觉她。这又是另一层次的兴奋，因为他开始意识到他的性欲，是由于他已觉知它在她身上产生的影响，并且觉知她知道这个影响来自他。一旦她也走到这一步，感觉到他已感觉到她在感觉他，就很难进一步重复地陈述下去，更不必说想象下去了，虽然它们在逻辑上也许是非常清晰的。如果他们俩都是单身，他们大概会转过身来直接注视对方，而他们的关系将发展到另一个水平。身体的接触和交流是这一复杂的视觉交流的自然延伸，相互接触可能包含了这一视觉案例中存在的所有复杂觉知，只是其微妙程度和敏锐程度要高得多。

当然，通常事情发生的情况没那么有序，有时候是非常突然的——但是我相信，对于任何成熟的性关系来说，这个不同的性觉知与相互作用的重合系统是一种基本的构架，只涉及这种复杂系统中一部分过程的性关系是极不完备的。为了达到普遍性，上述说明只能是概略的。所有实际的性行为在心理上都远远更为独特、复杂，其方式不仅取决于所用的身体技巧，取决于解剖学的细节，而且取决于参与者对他们自己以及对彼此看法中的无数特征，这些全都在行动上体现出来。（例如，人尽皆知，人们在发生关系时，常常考虑他们自己和他们配偶的社会地位。）

然而，普遍的图式是重要的，它所涉及的相互觉知的层次的增生，是说明人类相互作用所特有的复杂性的一个例子。例如，考虑敌意的态度。如果我生某人的气，我想要让他知道这一点，要么就让他通过我愤怒的眼光来看他自己，并厌恶他所看到的东西，从而产生自责——要么让他觉察到我的愤怒是一种威吓或进攻，让他产生对等的愤怒或恐惧。我究竟想怎么样，取决于我的愤怒的具体内容，但在任何一种情况下，它都包含一种唤起那个愤怒对象的兴奋的欲望。实现这个欲望，就是通过支配对象的情绪来满足我的情绪。

这类反射的相互认可的另一个例子，可以从意义这个现象去看。意义似乎包含一种意图，即在另一个人身上产生一种信念或其他影响，手段是让他认可某人想要产生那一影响的意图。（这是 H. P. 格赖斯 [H. P. Grice] 的结论，①我不准备详细复述他的观点。）性有一种相关的结构：它涉及一种欲望，即通过让某人的配偶认可某人想让他或她兴奋的欲望从而兴奋起来。

要对构成这些复杂系统的觉知和兴奋的基本类型做界定很不容易，它仍然是讨论中的一个空白。在某种意义上，觉知的对象在某人自己那里与在某人对另一个人的性觉知里是一样的，虽然这两种觉知不会是一样的，其区别同感到愤怒与体验另一个人的愤怒之间的区别一样大。性知觉的所有阶段就是一个人与其身体同一化的各种形式。被知觉到的是某人自己或另一个人服从于或沉浸于他的身体，圣保罗和圣奥古斯丁都不无厌恶地承认了这种现象，他们都认为"那肢体

----

① 《意义》，《哲学评论》，第 66 卷，第 3 期 (1957 年 7 月)，第 377—388 页。

中犯罪的律"是对神圣意志统治的致命威胁。[①]在性欲及其表现中，对不自主反应加以精心控制极为重要。在奥古斯丁看来，他的身体对他发动的革命以勃起和其他不自主的身体兴奋状态为象征。萨特也强调了阴茎不是个能把握的器官这一事实。不过，纯粹的不自主性也是身体其他过程的特征。在性欲中，不自主反应还与屈从于自发的冲动结合在一起：身体接管的不仅是人的脉搏和分泌，还有人的行动；在理想情况下，之所以需要有意控制，只是为了更好地指导那些冲动的表现。在某种程度上饥饿这样的食欲也是如此，不过在那里，身体的接管是比较局部的，而不是那么普遍、那么极端的。人的整个身体可能会全部沉浸在欲望中，却不可能全部沉浸在饥饿里。不过，一种特定的性沉浸的最典型特征是，它能够适合我们已经描述过的那种相互知觉的复杂系统。饥饿导致与食物的自发的相互作用；性欲导致与其他人的自发的相互作用，而其他人的身体也以同样的方式维护其统治权，在他们身上造成不自主的反应和自发的冲动。这些反应被知觉到了，对它们的知觉也被知觉到了，而下一个知觉又被知觉到了；在每一步上，人的身体对他的控制都得到了增强，身体的接触、交融和拥抱一步步地征服了性伴侣。

---

① 参见《圣经·罗马书》，第 7 章，第 23 节；以及《忏悔录》，第 8 篇，第 5 章。

因此，欲望不只是对他人先前存在的具体表现的知觉，而且在观念上，它还促成他进一步的表现，而这表现反过来又增强了原先的主体对他自己的感觉。这可以说明，为什么重要的是性伴侣被唤起兴奋，而且不仅仅是被唤起兴奋，还是由于觉知某人的欲望而被唤起兴奋。这还可以说明使得欲望把合一与占有作为其对象的感觉：身体占有的结果必然诞生符合某人欲望的性对象，而不只是对象对那一欲望的认可，也不只是他或她自己私下被唤起兴奋。

　　即使这是成人性关系的一个正确模式，要把对它的任何偏离都说成是反常，仍然缺乏说服力。例如，如果性伴侣在与异性对象性交时，不愿承认实际的伴侣，而是沉迷于私下的异性幻想，那么，按照上述模式，这种情况便形成一种有缺陷的性关系。但是，通常并不认为这是一种反常。这样的例子说明，用简单的二分法划分反常的性和不反常的性过于粗鲁，不是处理这些现象的恰当方法。

　　此外，还有各种常见的偏离现象，构成了对上述完整形态的删节或不完整版本，可以看作主要冲动的反常表现。如果性欲受到阻碍不能采取人与人之间的完备形式，它就可能会找一个不同的形式。反常这个概念意味着一种正常的性的发展由于扭曲的影响而发生偏离。关于这种因果条件，我没什么可说。但如果说反常在某种意义上是不自然的，它们必定是一种潜在能力的发展受到了干扰的结果。

这个条件很难适用，因为环境因素对于决定任何一个人的性冲动形式都有某种影响。尤其是早年的经历，似乎决定了对性对象的选择。把某些原因引起的影响说成是扭曲的，把其他一些影响说成是有助于发展的，这就意味着，人类性活动的某些普遍情况实现了一种确定的潜能，而人们各不相同的许多情况则实现了一种不确定的潜能，以致它们几乎不能被称作自然的。因此，确定的潜能所包括的东西就非常重要，尽管确定的潜能与不确定的潜能之间的区分模糊不清。显然，一个无能力发展上述人与人之间性觉知水平的动物，不可能因为达不到这种发展而成为不正常者。（如果一只小鸡被训练出对于电话的恋物癖式依赖，则不妨在一种宽泛的意义上说它是反常的。）但是，如果人类只要不受阻碍就总是会以某种形式发展人与人之间相互的性觉知的话，阻碍发展的情况就可以说是不自然的或反常的。

有些常见的偏离就可以这样来描述。自恋行为和与动物、幼儿、无生命物性交，似乎是停留在某种初级阶段性感情的原始形式上。如果对象不是活的，性经验就完全减退为对某人自己的性表现的觉知。小孩和动物有可能觉知另一方的表现，但却不可能有相互作用，不可能有性对象承认主体欲望是他的（对象的）性的自我觉知的源泉。窥淫癖和裸露癖也是不完整的性关系。裸露癖者希望展示他的欲望，而不需要反过来成为欲望的对象；他甚至害怕别人的性注意。另一方面，窥淫癖者根本不要求的对象的承认：当然不要求承认窥淫癖者的兴奋。

相反，如果把我们的模式运用到异性双方性交所采用的各种形式上去，似乎没有一种可以明确归为反常。现如今，几乎没有人会痛骂口交，像 D. H. 劳伦斯和诺曼·梅勒（Norman Mailer）这样有身份的人物都强调肛交的价值。一般说来，在一个男人和一个女人之间能给他们带来性快感的任何身体接触，都可以作为表达人与人之间多层次的觉知系统的手段，我已经说过，这种多层次的相互觉知是性的相互作用的基本心理内容。于是，一种有关性的自由主义的老生常谈就有了支撑。

真正难办的是虐待狂、受虐狂还有同性恋。前两者被普遍看作反常，而最后那个则是有争议的。在所有三种情况里，问题都在一定程度上取决于对起因的看法：这些倾向是不是在正常的发展受到阻碍的情况下产生的？就连这个问题被提出时所采取的形式都是循环的，因为用了"正常的"这个词。看来我们需要一个判别扭曲影响的独立标准，但我们还没有一个这样的标准。

也许可以说，把虐待狂和受虐狂归为反常，是因为它们缺少人与人之间的相互作用。虐待狂全神贯注于唤起他人被动的自我觉知，但虐待狂者的投入本身是主动的，要求保留一种有意的控制，而这有可能妨碍他对自己作为一种激情的身体主体的觉知。萨德侯爵 (De Sade) 断言，性欲的目标是要唤起某人伴侣的不自主反应，尤其是听得见的反应。疼痛的处罚无疑是达到这一点的最有效方法，不过它要求放弃某人自己的某些暴露无遗的自发性。相反，受虐狂者把虐待狂者强加给自己的那种限制强加到他的伴侣身上。受虐狂者无法从作为另一个人的性欲对象中获得满足，而必须作为他的控制对象才能满足。他的被动性并不是相对于他的伴侣的激情而言，而是相对于他的非被动的意志力而言的。此外，以疼痛和身体约束为特征的屈从于某个人的身体，其性质截然不同于性兴奋：疼痛引起人的痉挛而不是情不自禁。这些描述也许不一定都确切。但是就虐待狂和受虐狂是觉知第二阶段即觉知某人自己是性欲对象这个阶段上的失调而言，上述描述是正确的。

不能根据同样的现象学理由把同性恋归为反常。没有任何东西排除所有相同性别者之间的人与人相互知觉的可能性。于是问题在于，同性恋是不是由阻碍或取代向异性恋发展的自然倾向的扭曲影响造成的。这种影响必定比导致喜欢丰乳、秀发和黑眼睛的那些影响扭曲得多。这些也是人们互不相同的性偏好上的偶然因素，并不是反常的。

问题是，异性恋是不是男性和女性未被扭曲的性倾向的自然表现。这是一个含糊不清的问题，我不知道如何探讨它。许多人赞成把男性和女性的性活动区分为进攻性的和被动性的。在我们的文化中，往往由男性的性兴奋启动知觉的交流，通常是他制造性的接近，大体控制着行为的过程，而且当然是他主动进入，而女性只是接受。当两个男人或两个女人发生性关系时，他们不可能双方都坚守这些性的角色。不过在异性性交中，也出现大量的角色偏离。妇女可以在性上成为进攻性的，而男子成为被动性的，而且在较长时间的异性交流中暂时的角色颠倒并不罕见。由于这些原因，说同性恋一定是反常似乎值得怀疑，虽然像异性恋一样，它也有反常的形式。

最后我想说说反常与好、坏及道德的关系。在某种意义上，反常这个概念不能说不具有某种评价性质，因为它似乎涉及一种观念，是反常未能达到的一种理想的或至少恰当的性活动的观念。因此，如果这个概念可行的话，判断某个人或某个行为或某种欲望是反常的就构成一个对性的评价，这就意味着较好的性或一种较好的性的样本是可能的。这本身是一个非常无力的断言，因为该评价可能属于一个我们不感兴趣的方面。（虽然，如果我的说明正确的话，情况也不会如此。）

然而，它是不是一种道德评价，则完全是另一个问题；要回答这个问题，要求对道德和反常都有更多的理解，而这里是无法展开的。对行为和对人进行道德评价是一件相当特殊、十分复杂的事情，我们对人和他们的活动的评价，绝不都是道德评价。我们对人的美貌或健康或才智进行评判，它们是评价，但不是道德的评价。对人们性活动的评估也许在那个方面也是相似的。

此外，撇开道德问题，对于不反常的性是否必定比反常更可取，这一点并不清楚。作为完美的性而获得最高分的性活动也许不及某些反常更令人快乐；而如果认为快乐十分重要的话，那么在确定合理的偏好时，它就可能超过对性完美的考虑。

于是产生了一个问题，即关于反常的评判的评价内容与相当普通的好的性与不好的性之间的一般区别的关系问题。后一个区别通常限制在性行为上，而且在这些界限内，它会影响到另一个评价：例如，即使某个相信同性恋是反常的人也可能承认较好的同性恋与较坏的同性恋的区别，甚至可能承认好的同性恋与不太好的不反常的性相比，也可能是更好的性。如果这一点是正确的，那么它将支持下述观点：即使对反常的评判是可行的，它们也只代表对性可能有的评价的一个方面，即使就性的本身而言。此外，它并不是唯一重要的方面，性功能缺陷显然不属于反常的概念，但可能会成为人们极其关注的对象。

最后，即使反常的性可能没有它本当有的那么好，不好的性通常还是比根本没有性好。这一点应当是不用争论的，它似乎也适合于其他重要的事情，如食物、音乐、文学和社会。最后，人们只能从可能获得的替代性选择中做出选择，无论它们的可获得性是取决于环境还是取决于某个人自己的素质。而且只有当这些替代性选择相当可怕时，什么都不选择才是合理的。

第五章　战争与屠杀

　　一般公众对美国及其盟国在越南犯下的暴行反应冷淡，从这一点可以得出结论说，他们几乎和负责制定美国军事政策的人们一样，并不赞同对战争指挥行为做道德的限制。[①]即使在为限制战争行为做辩护时，人们通常也只以法律为根据，而对它们的道德基础往往缺乏理解。我想要论证，某些道德限制既不是任意的，也不只是出于习惯，它们的有效性并不仅仅取决于它们的有用性。换句话说，战争规则具有一种道德基础，虽然现在官方实施的那些惯例远不是它的完善表现。

一

　　要说明美莱村大屠杀之类行为属罪恶行径，并不需要任何精致的道德理论，因为这场屠杀并没有、也没打算为任何战略性目的服务。此外，如果说美国介入印度支那战争从一开始就完全是错误的话，那么，这种介入就不可能为它所采取的任何措施（而不只是那些属于战时暴行的措施）提供辩护，无论它的目标有多正义。

不过由这场战争所揭示的各种态度具有一种更普遍的性质，它们也影响了以往的战争行为。在这场战争结束以后，我们仍将面对战争可能如何进行的问题，而且导致这场战争的具体行为的那些态度也不会消失。此外，在因完全不同的理由、与完全不同的对手作战的战争或叛乱中，也会出现同样的问题。要想牢牢把握战争中哪些行为是不允许这一观念极不容易，因为虽然某些军事行动明显属于暴行，其他情况却很难评估，而且作为这些判断的基础的一般原则还是模糊不清的。这种模糊性可能导致放弃健全的直觉，而直觉所支持的标准，其理由的说明可能更为明显。如果我们想抵制这种倾向，就需要比现在更好地理解这些限制。

我打算讨论由战争行为提出的最一般的道德问题：手段和目的的问题。一种观点认为，即使在为某种值得追求的目的服务时，对于可以干什么也是有限制的——哪怕坚持这些限制的代价十分高昂。承认这些限制的力量的人可能陷于尖锐的道德两难境地。例如，他可能相信，严刑拷打一个战俘可以获得必要的情报，从而避免一场灾难，或者，用炸弹摧毁某个村庄，可以暂时阻止一次恐怖主义活动。如果他相信

---

① 这篇文章完成于1971年。美国直接在军事上卷入越南战争从1961年持续到1973年。因此本文采用现在时态。

从某一特定措施所获得的好处将明显超过它的代价，却仍然怀疑是否应当采取该措施，那么他就处于由两种不同的道德理由之间的冲突所造成的两难境地，这两种理由可以称为功利主义的和绝对主义的。

功利主义首先关注的是将会发生的事。绝对主义首先关注的是人们正在做的事。它们之间出现冲突，是因为我们所面对的抉择很少只是对总结果的选择：它们也是对所采取的不同途径或措施的选择。当其中一个选择是做危害另一个人的事情时，问题就从根本上改变了；它不再只是哪一种结果更糟的问题。

很少有人完全不受这两种道德直觉的影响，虽然在有些人身上，或者是出于天性，或者是出于学说上的理由，一种直觉会占支配地位，而另一种则被抑制或处于弱势。但是人们完全有可能非常强烈地感觉到这两种理由的力量；那样的话，在某些危机状况下这种道德的两难将很尖锐，由于这一理由或那一理由，任何一种可能的行动或不行动的方案似乎都是不可接受的。

二

虽然我打算探讨的是这种道德两难，但我的大部分论述将用于讨论其中的绝对主义部分。相对而言，功利主义部分比较简单一些，而且它对人们有一种自然的吸引力，彻底的道德怀疑论者除外。功利主义说，人们应当通过个体的或机构的努力，最大限度地增加善，最大限度地减少恶（这里只是概略地表述观点，不必对这些范畴下定义），而当制造一种较小的恶能够防止一种重大的恶时，人们就应当选择较小的恶。功利主义的表述当然存在问题，对此已经有过许多著述，不过它的道德含义是显而易见的。但是，虽然有许多补充和提炼，伦理学仍有很大一部分有待说明。我并不认为某种形式的绝对主义可以说明所有一切问题，而只是认为，对绝对主义的一种考察会让我们看到道德观念的复杂性，或许是不一致性。

功利主义当然可以证明对战争行为的某些限制是合理的。坚持多数人看来似乎是自然的任何限制，具有充足的功利主义理由，特别是当这些限制已经被普遍接受时。某项特殊措施似乎可由一次具体冲突的结果而得到证明，但它却可能成为一个先例，会带来长期的灾难性后果。[①]甚至可以争辩说，战争涉及如此规模的暴力，绝不可能用功利主义的理由来辩护。拒绝参战的后果绝不会有战争本身的后果严重，哪怕战争中没有犯下凶残的暴行。或者用一种更加复杂的说法，从长远的观点看，始终如一地奉行绝不诉诸武力的一贯政策，比起每一次根据功利主义理由做决定的政策来，为害

---

① 简单考虑国家利益往往会有同样倾向：不允许使用核武器似乎就是这样决定的。

要小得多（虽然有时候和平主义的具体运用会比一个功利主义决策的结果更糟）。不过我不准备考虑这些论证，因为我所关注的是另一种理由，是当效用和利益的理由失效时仍然成立的那种理由。①

归根结底，我相信上述两难问题并不总是能够解决的。虽然绝对主义和功利主义之间的冲突未必每一次都造成无法解决的两难境地，虽然在我看来坚持绝对主义的限制无疑是正确的，除非支持侵犯行为的功利主义考虑具有压倒性分量和极大的把握——但是，在满足这一特殊条件的情况下，有可能无法坚持一种绝对主义的立场。因此，我将提供的是对绝对主义的有所保留的辩护。我认为它为一种有效的根本的道德判断提供了基础——这是不能被归结为其他原则，也不能用其他原则来推翻的。虽然也许存在其他同样根本的原则，但尤为重要的是不要对我们的绝对主义直觉丧失信心，因为在功利主义为大规模屠杀辩解的深渊面前，绝对主义直觉是唯一的栅栏。

三

一种不会产生解释问题的绝对主义观点是和平主义：认

---

① 此外，这些理由之所以特别重要，是因为它们甚至对那些否认功利主义考虑在国际事务中适用性的人也成立。虽然他否认一个国家在决定其政策时应从总体上考虑其他国家国民的利益，却可能会承认，在努力实现他的国家的军事目标时，可以对其他国家的士兵和公民采取的行动是有限制的。

为无论在什么情况下都不可以杀人，不管杀了他会得到多大好处，不杀他又有什么坏处。我所要论述的绝对主义观点与此不同。和平主义与功利主义的考虑形成明显的冲突。但是还有其他的观点，根据这些观点，在一个显然是正义的事业中，可以采取暴力的行为，甚至是大规模的暴力行为，只是要对那一暴力的特征和方向施加某些绝对的限制。这样画出的界线更为真实，或许会触犯某些人，但它是存在的。

尽最大努力对这样一种观点进行当代哲学的探讨，并用罗马天主教道德神学中的广泛论述向不熟悉的人解释这一观点的哲学家是安斯库姆（G. E. M. Anscombe）。1958 年，在牛津大学授予哈里·杜鲁门（Harry Truman）荣誉博士学位之际，安斯库姆小姐刊印了一本题为《杜鲁门先生的学位》的小册子。① 上面说明了她为什么反对授予这个学位的决定，详细叙述了她的反对未能奏效的过程，对杜鲁门决定向广岛和长崎投掷原子弹这段历史阐述了她的看法，并就谋杀与战争中许可的杀戮之间的区别发表了某些意见。她指出，

---

① （非公开刊印。）也可参见她的文章《战争与谋杀》，载《核武器与基督徒的良心》，沃尔特·斯坦编（伦敦：默林出版社，1961 年）。本文从这两篇文章得益甚多。保罗·拉姆齐在《正义的战争》（纽约：斯克里布纳斯，1968 年）一书中对这些以及相关的问题作了详尽的论述。最近有关这个道德问题的论著有乔纳森·贝内特：《不论后果如何》，载《分析》，第 26 卷，第 3 期（1966 年），第 83—102 页；以及菲利帕·富特：《流产问题与双重后果论》，载《牛津评论》，第 5 期（1967 年），第 5—15 页。安斯库姆小姐的答复是《为贝内特先生作注》，载《分析》，第 26 卷，第 3 期（1966 年），第 208 页，以及《谁被冤枉了？》，载《牛津评论》，第 5 期（1967 年），第 16—17 页。

蓄意杀害大量平民的政策，无论是作为一种手段还是作为一种目的，都不是杜鲁门的发明，而是第二次世界大战中广岛事件之前一段时间所有参战方之间的共同做法。盟国轰炸德国的一些城市用的是常规炸药和常规袭击，比原子弹袭击杀死的平民更多；用燃烧弹对日本发动的某些袭击也是如此。

为了促使敌人投降，或为了打击其士气，就袭击平民，这一政策看来一直为文明世界所普遍接受，而且现在仍然被接受，至少在下大赌注的时候。它表明一种道德信念，即蓄意杀害非战斗人员（妇女、儿童、老人）是可以允许的，只要能够借此得到足够的好处。这种信念来自一种更一般的观点，即任何手段在原则上都可以被证明是合理的，如果能用它达到一个有足够价值的目的。这样一种态度不仅表现在更为引人注目的现代武器系统中，而且也表现在印度支那区域性战争的日常行动中：杀伤性武器的无差别破坏力，凝固汽油弹和空中轰炸；虐待战俘；强行迁移大批平民；破坏庄稼；等等。与此对立的绝对主义观点认为，不论后果如何，某些行为都是无法被证明为合理的，其中包括谋杀——蓄意杀戮无害的平民、战俘以及医务人员。

在现在的这场战争中，这样的措施有时被说成是令人遗憾的，但它们通常会从军事需要、战争胜败带来的长期后果的重要性上得到辩护。我将忽略不谈这种效果论的辩护本身的不恰当处。（那是对战争进行道德批评的主要形式，当人们问"这样做是否值得"的时候，就包含有这种意思。）我所关心的是，要说明为这种行为提供任何那样的辩护都是不恰当的。

许多人对此讲不出更多道理，但他们感到，当某些措施进入考虑范围时，就已经发生了严重的错误。根本的错误在那儿已经铸成，而不是在人们判断某种可怕措施的总得益超过它的不利之处、因而采取了这一措施的时候。对绝对主义的解释也许能帮助我们理解这一点。如果某些事情如杀害没有武装的战俘或平民是不允许做的，那么，就不能用如果不对他们做这些事将会发生什么来论证做这些事的合理性。

当然，绝对主义并不要求人们无视他们行动的后果。它的作用是对功利主义推理加以限制，而不是取代它。可以要求绝对主义者最大限度地增加善、最大限度地减少恶，只要这样做不要求他违反一种绝对的禁令，如不许杀人的禁令。但是当这样的冲突发生时，绝对的禁令完全优先于任何关于后果的考虑。这一观点的某些结论是相当明确的。它要求我们放弃某些可能有效的军事措施，如杀害人质和战俘，或者用饥饿、炭疽和鼠疫之类的流行性传染病或大规模焚烧来减少敌方平民人口的企图。这意味着我们不能考虑用这些措施将会防止更大罪恶这一事实来说明它们是合理的，因为作为蓄意采取的措施，无论什么后果都不能为它们提供辩护。

不熟悉 20 世纪重大事件的人可能会想象，功利主义的论证，或者说国家利益的论证，足以防止这种措施。但是现在已经很清楚，这种考虑并不足以阻止人们采取和运用大规模杀伤武器，一旦他们认为有严肃的道德理由就会动用它们。在用空运兵力对付游击队的战争中一点一点地消灭农村平民人口，便是如此。一旦开始盘算功利和国家利益，就可以用通常有关未来的自由、和平、经济繁荣的考虑作借口，以安慰那些对许多被烧焦的孩子负有罪责的人的良心。

单单为了这个理由，弄清允许这种论证开始的心理状况有什么问题就非常重要。不过弄懂绝对主义真正与功利发生冲突的情况也很重要。尽管它有吸引力，却是一个悖理的观点，因为当人们只有一种选择即在两种罪恶中选择较轻的一种时，它会要求人们不要做出这种选择。它还另有自相矛盾处，因为它不像和平主义，在某些情况下它允许人们做出对他人来说可怕的事，而在另一些情况下则不允许。

四

接下去我们要谈谈上述观点背后有些什么东西，但在此之前，还有几个比较技术性的问题最好先讨论一下。

首先，重要的是对绝对主义禁令所能适用的事情做出尽可能明确的说明。我们必须认真对待一个限制性条件：这些禁令关注的是我们有意对人们做出的事。例如，不会有一条绝对主义的禁令禁止使一个无辜者死亡的事发生。因为某人可能处于某种情境，不管他做什么，某个无辜者结果还是死亡。我想说的并不只是，在某些情况下，某个无辜者的死与某人所作所为无关，因为他所处的地位不可能以这样或那样的方式影响事件的结果。人们希望，他们与大多数无辜者的死亡之间是这种关系。相反，我心里想到的是这样的情况：肯定有人要死，但是哪个人死，将取决于人们所作所为。这些情况有时候有自然的原因，如在面临一个大灾难时，救援物资（药物、救生艇）太少，不能救出所有的人。有时候，这些情况是人为的，如为了控制某个恐怖主义活动，唯一的办法是采用恐怖主义的策略对付产生该活动的社区。在这样的情况下，无论人们做什么，结果都是某些无辜者的死亡。如果绝对主义的禁令禁止做会使无辜者死亡的事，那么就可以推论，在这样的情况下，人们所能做的事没有一件会是道德上可以允许的。

不过，这个问题可以避免，因为绝对主义禁止的是对人们做某些事，而不是使某些结果发生。其他人碰到的事可能是某人行为的结果，但并非都是某人对他们所做之事。天主教道德神学试图用双重后果律理论对此作出明确区分。这种理论断言，在有意致使或听任某个无辜者死亡（或者本身就是目的，或者是一个手段），与致使或听任它发生是人们有意做的其他某件事的一个意外后果，两者之间存在重大的道德区别。在后一种情况下，即使结果是可以预见到的，它也不是谋杀，也不在绝对禁令的范围里，虽然它当然可以因其他理由（例如，因为功利的理由）而是错误的。简单说，这个原则说明，有时候人们可以有意致使或听任某件事作为他所作所为的意外结果而发生，而如果是作为一个目的或一个手段有意致使或听任这件事发生，则是绝对不能允许的。用于战争或革命，双重后果律允许有一定数量的平民因轰炸军火厂或袭击敌军士兵的意外后果而被残杀。但也只有当代价不是太大、能够用其所攻击的目标来为之辩护时，这才是允许的。

然而，虽然双重后果律对于说明某些似乎有理的道德判断是重要而有用的，我不认为它是检验一种绝对主义观点的推论的一个普遍适用的标准。它本身的适用性并不总是明确的，因此它在未必不确定的地方造成不确定性。

例如，在印度支那，对怀疑藏有游击队的村庄，或曾经在那里遭受过轻武器袭击的村庄，进行了大量的空中轰炸、扫射，投掷凝固汽油弹，动用点状或针状喷射的杀伤性武器。据报道，在这些空袭中伤亡的大多数是妇女和儿童，虽然有些战斗人员也被击中了。但是政府认为，这些平民的伤亡是对武装敌人发动合法进攻的令人遗憾的意外后果。

也许人们认为这是诡辩，很容易打发掉：如果对一个据信其中有二十个游击队员的百人村庄进行轰炸、焚烧、扫射，从统计上说，杀死这一百人中的大多数，就可能杀死了大多数游击队员，那么攻击这一百人的群体岂不就成了消灭游击队的不折不扣的手段？如果他没有试图区分游击队员和平民，是因为在空袭一个小村庄时没法这么做，如果有更多可选择的手段，他本不会费事去杀群体中的平民，那么，他就不能把那些平民的死仅仅看作意外的后果。

困难之处在于，这个论点取决于对行动的一种特定的描述，而且可以答复说，用来对付游击队的手段不是杀害村庄里的每一个人，而是对已知是那二十个游击队员所在地的那一地区实行毁灭性轰击。如果那个地区也有平民，他们将作为这一行动的意外后果而被杀害。[①]

由于像这样的诡辩性问题，我宁可继续采用原先的未经分析的区别，即某人对其他人所作所为与其他人所碰到的作为某人所作所为结果的事之间的区别。双重后果律在许多情况下近似于那一区别，也许可以把它变得更明确一些，从而更接近那一区别。当然，原先的区别本身也需要澄清，特别是因为我们对其他人所做的某些事涉及他们碰到的作为我们所做其他事的结果的那些事。但是，在刚才讨论过的那个例子里，事情十分明白，通过轰炸村庄，某人屠杀和残害了村里的平民。而把唯一可能得到的药物给予两个患者中的一个，人们并没有杀死另一个病人，也没有蓄意要他去死，哪

---

① 这个相反论证是罗杰斯·奥尔布里顿提出的。

怕结果是他死了。

第二个技术性问题如下。绝对主义者着重于行为而不是结果，并不只是给罪恶的目录增添一项新的、突出的内容。即，它并不是说世上最坏的事就是有意杀害一个无辜的人。因为如果这就是全部内容的话，那么人们大概就可以为这样的一起谋杀辩护，理由是它可以防止好几起其他的谋杀，或者为一万起这样的谋杀辩护，理由是它们可以防止十万起以上这样的谋杀。这种论证并不少见。但是如果允许这样说的话，那么反对谋杀的绝对禁令就不存在了。绝对主义要求我们不惜一切代价地避免谋杀，而不是不惜一切代价地防止谋杀。

也可以采取一种道义论的观点，它不像绝对主义那么严格，又不至于堕入功利主义。有两种方式使人可以承认区别有意谋杀与非有意谋杀的道德意义，而又不成为一个绝对主义者。一种方式是，把谋杀列为恶的目录中特别坏的一项，比意外的死亡或非有意的谋杀坏得多。但是另一方式是说，有意谋杀无辜者是不允许的，除非它是防止一场大祸（比如说五十个无辜者的死亡）的唯一方法。姑且把这称作临界值，反对谋杀的禁令在这里失效。显然，这个观点不是绝对主义的，但它也并不是说，功利主义给予谋杀的反面价值标准等于这个临界值的反面价值标准。这是容易明白的。如果一起谋杀的反面价值标准是五十起意外死亡，那么根据功利主义的理由，为了防止另一起谋杀而进行谋杀，再加程度稍轻一些的恶诸如打断一条胳膊，仍是可以允许的。更糟的是，根据功利主义的理由，甚至要求我们以本来可以防止的四十九起意外死亡为代价来防止一起谋杀。事实上这些并不是道义论禁止谋杀的临界值的推论，因为它并没有说，出现这样一种行为是恶，因此要防止，而是告诉大家要避免这样的行为，除非在特定的条件下。事实上，从结果考虑，一起谋杀并不比意外死亡有更多的反面价值，这种看法与道义论反对谋杀的禁令是完全一致的。虽然承认临界值可以缓和这里所讨论的冲突，我认为它并不能使这些冲突消失，或改变它们的基本特征。它们仍然会存在于任何道义论的要求与低于其临界值的功利主义价值标准之间的不一致中。

最后，让我评论一下对绝对主义的一种常见的批评，这种批评以误解为基础。有时候人们认为，绝对主义禁令的基础是一种道德利己主义，一种不管世界其他地方发生什么事，都要保持自己的道德纯洁性、保持自己的双手干净的基本义务。如果这是绝对主义的观点，那么不妨指责它是自我放纵。说到底，一个人怎么有权利把保持自己灵魂的纯洁性或保持双手干净放在许许多多其他人的生命和幸福之上？也许可以论证说，像杜鲁门那样的一个公仆，没有权利以那样的方式把自己放在第一位；因此，如果他确信其他选择会更糟的话，他就必须下达投掷炸弹的命令，自己承担让那些人死亡的责任，就像为了公共利益他必须做其他令人厌恶的事一样。

但是，认为道德绝对主义以道德利己主义为基础的看法背后有两点混淆。首先，认为保持某人的道德纯洁性的需要可能是一种义务的来源，这是一种混淆。因为如果说某人由于卷入谋杀而牺牲了他的道德纯洁性或完善性的话，那只能是因为谋杀已经是有问题的了。因此，反对谋杀的一般理由不可能仅仅是它使某人成为不道德的人。其次，认为在为一个足够有价值的目的服务时，人们可以正当地牺牲他的道德完善性，这是一个混乱的概念。因为如果某人做出这样一种牺牲是正当的（或者甚至是道德要求他做出牺牲的），那么他采取那一做法就不会是牺牲他的道德完善性，而是保持了这一完善性。

在各种道德理论中，并非只有道德绝对主义要求人们在一切情况下都只做能够保持自己的道德纯洁性的事。功利主义同样有此要求，其他任何道德理论也都如此，虽然它们对正确与错误的看法各不相同。对在各种不同情况下的正确行动方案做出规定并断言人们应当采取那一方案的任何理论，事实上就是断言人们应当做能够保持自己的道德纯洁性的事，这无非是因为，正确的行动方案正是在那些情况下能够保持人们的道德纯洁性的方案。当然，功利主义没有断言说这是人们应当采取该方案的原因，但我们已经看到，绝对主义也没有做出如此断言。

五

揭露对绝对主义的错误解释要比提出一个正确的解释容易。对于问题的正面说明，必须从战争、冲突和侵略都是人与人之间的关系这一观察开始。只考虑某人的行为对公共福利产生的总后果可能是错误的，当那些行为涉及与其他人的关系时，这一点就更为显著。某个人的行为所影响到的人，通常多于他直接针对的人，他在做决策时自然要考虑那些影响。但是如果有某些特殊原则支配着他对人们所应采取的态度的话，那就必须特别注意那一行动所针对的特定的人，而不只是它的总后果。

在战争中绝对主义的限制似乎有两种类型：对于可对之发动侵略或施以暴力的人的种类所应有的限制，以及假定对象属于那一种类，对于发动攻击的方式所应有的限制。不过，这些限制可以结合起来，原则是，针对任何人的敌对行动，必须根据有关该人的某些情况认为采取该项对待是正当的。敌对是一种人际关系，它必须适合它的对象。这一条件的一个推论将会是，某些人根本不应该受到战争中的敌意对待，因为从他们身上找不到实施这种对待的正当理由。其他人只有在某些情况下，或者当他们参与某些事务时，才会成为敌对的合适对象。而敌对行动的适当方式和范围将取决于该特定情况证明是正确的理由。

按照这个观点就会认为，对另一个人的极端敌对行为，与把他当作一个人——甚至当作他本身的一个目的来对待，可以并存。但是，只有当某人开始与他作战同时并不自动停止把他当作一个人来对待，才有这种并存。如果对其他人采取的敌对、侵略、好斗的行动，总是违背把他们当作人来对待这一条件，那就很难对敌对行动范围内的理由做出进一步的区分。在国际关系的层面上，这一观点导致如下论点：如果不接受彻底的和平主义的话，就根本不需要有任何限制，我们可以尽情地屠宰杀戮，只要看上去是可取的。在有关战争罪行的讨论中经常表达出这种论点。

但是事实上普通人并不相信个人之间的冲突（身体的或其他方面的冲突）会是这样，也没有更多的理由认为国与国之间的冲突会是这样。人们对于公正的斗争和卑鄙的斗争之间的区别似乎有一种完全自然的概念。卑鄙的斗争不是把某人的敌意或侵略直接对准它本来的对象，而是对准一个可能比较脆弱的外围目标，通过这种方法间接地打击本来的对象。这适用于拳击、竞选、决斗或哲学论证。如果这个概念足以普遍地适用于所有这些事情，那么，它应当也适用于战争，既适用于个别士兵的行为，也适用于国家的行为。

假定你是政府部门的一个候选人，你确信，你的对手要是当选将会是一场灾难，因为他是一个肆无忌惮的煽动者，他会为一小撮人的利益服务而严重侵犯与他不一致的人的权利；再假定你确信用常规的手段不可能击败他。现在设想有各种非常规的手段可能起作用：你掌握了他的性生活资料，如果公之于世，将使选民震惊；或者你知道他妻子嗜酒如命，或者他曾经与一个被取缔的政党有过短期联系，而且你相信可以用这一资料胁迫他放弃他的候选资格；或者你可以叫你的一队支持者在选举那天把他一部分重要支持者的车胎弄瘪；或者，你有条件把大量假选票投入投票箱；再不然，更简单些，你可以暗杀他。如果这些办法将获得一个极为理想的结果，采用它们又有什么不对呢？

这些办法当然存在许多问题：有些触犯法律；有些违犯选举程序，而你既然参加选举，就应对这些程序承担义务；十分重要的是，有些办法可能适得其反，何况，遵守一种默契，不让某些个人事务干扰选举运动，是符合所有政治候选人的利益的。但这还不是全部问题。此外我们还感到，这些措施，这些攻击的办法，与你同对手之间的争端是不相干的，在采用这些办法时，你所针对的并不是使他成为你的反对对象的东西。你的攻击所针对的并不是你所反对的真正目标，而是碰巧比较脆弱的外围目标。

超出任何规章或法律的准则范围的战斗或论证也是如此。在因为多收车费而与出租车司机争吵时，嘲笑他的口音、弄瘪他的车胎或把嘴里嚼着的口香糖吐在他的挡风玻璃上，都是不适当的；即使他诽谤你的种族、政治或宗教，或者把你手提箱里的东西倒在马路上，你的上述做法仍然是不适当的。①

这些限制的重要性可以随情况的严重性而变化；在某种情况下无法证明为合理的行为，在一种更极端的情况下可能得到证明。不过它们全都从一个原则引申出来：敌对或侵略应当针对其真正的对象。这既意味着它应针对激起这种敌对的个人或人们，也意味着它应更具体地针对他们激怒人的地方。这第二个条件将决定敌对行动可以采取的适当形式。

显然，上述原则的背后是对于某人与其他人应有关系的看法，不过这个看法是很难说明的。我认为它大体上是这样的：某人有意对另一个人做的无论什么事，针对的必定是作为主体的他，意图是让他作为主体来接受。它应当表明对他的一种态度，而不只是对处境的态度，而且他应当能够看出它并且知道自己是它的对象。使这样一种态度显示出来的做法未必直接针对那个人。例如，手术不是人际冲突的一种形式，而是医疗的一部分，可以面对面地提供给患者，并作为对他的需求的一种反应以及对他的一种态度的自然结果而为

---

① 相反，如果他侮辱你，你对着他的嘴巴打一拳，为什么这就似乎是适当的，而不是不相干的呢？答案是，在我们的文化里，打某人的嘴巴是一种侮辱，而不只是伤害。顺便说一下，这个行动显示出一个绝对不会招致反对的道理，说明在精确地确定什么行为属于、什么行为不属于绝对主义限制的范围时，社会习俗能起一定作用。在这个论点上，我要感谢罗伯特·福格林。

他所接受。

敌意对待不像手术，它已经是针对某个人的，而不具有更广泛背景下的人际意义。不过敌对行动可以用作对被攻击者的很有限的几种态度的表达或手段。那些态度又以那个人的某些实际的或假想的特征或活动为对象，它们被看作采取那些态度的理由。当这一背景不存在时，就不能再打算让受害者作为主体来接受那些敌对的或侵犯的行为。相反，它就完全成了专横的行为。这种情况发生在当某人攻击并不是他敌对的真正对象的某个人时——他的真正对象可能是另外的某个人，可以通过受害者使他遭受打击的人；或者，他不可能是在表示对任何人的敌意，而只是在利用某种最方便的途径以达到某种想望的结果。他根本不是在面对或针对受害者，而只是在用他发动进攻——没有围绕外科手术的人与人相互作用这样一种更大的背景。

如果绝对主义要为它优先于功利考虑的主张辩护，它必定坚持，保持与某人所对付的人之间的直接人际反应是一个必要条件，没有任何好处能为放弃这一条件而辩护。只有当它排除任何可以为对它的违犯行为而辩护的考虑时，这个要求才是绝对的。我前面说过，也许会有某些极端的情况，使得绝对主义观点不能成立。那时人们可能发现，除了采取可怕的行动外别无选择。但是，即使在这样的情况下，绝对主义仍然是有力的，因为人们无法为违犯行为辩护。它并没有变成令人满意的事。

为了努力对此做出说明，我想把绝对主义的限制同向受害者为对他所做之事辩护的可能性联系起来。如果某人在从一场大火或一艘沉船里营救几个人的过程中放弃了某一个人，他也许可以对他说："你知道，为了救其他的人，我不得不抛下你。"同样，如果某人对一个不愿做手术的孩子施行非常疼痛的外科手术，他可以对他说："如果你能理解，就会明白我这样做是为了救你。"当某人用刺刀刺杀敌军士兵时，他甚至可以说："不是你死就是我死。"但是当某人折磨一个战俘时却不可能说："你知道，我不得不拔掉你的指甲，因为掌握你同党的名单对我们至关重要。"人们也不能对广岛的受害者们说："你们知道，为了促使日本政府投降，我们不得不把你们烧成灰烬。"

当然，我们没有因此而前进多少，因为功利主义者大概会乐意向他的受害者提供后面那种辩护，只要他觉得足够充分。对于整个世界来说，它们确实是一种辩护，而受害者如果通情达理的话，也可能予以理解。但是在我看来这个观点有毛病，因为它忽视了一种可能性，即对其他人采取的可怕行动使你处于与他的一种特殊关系中，这也许得用你与他之间关系的其他特点来辩护。这个提法需要进一步展开；不过它可以帮助我们理解如何可能存在一些绝对的要求，没有任何理由可以违背它们。如果为某人对另一个人所作所为提供的辩护，可以具体地对他、而不是对整个世界提出，那就可以成为限制的一个重要来源。

如果这个解释要深化的话，我希望沿着以下思路得出一些结论。涉及绝对主义的观点，把自己看作在一个大世界中与其他人相互作用的小人物。它所要求的辩护理由主要是人与人之间的。涉及功利主义的观点，则把自己看作是一个仁慈的官员，把他所能控制的这样的好处分给无数其他的人们，他与这些人可以有各种各样的关系，也可以没有任何关系。它所要求的辩护主要是行政管理方面的。这两种道德态度之间的争论也许取决于这两个概念的相对优先权。①

六

对于战争方法的某些限制如限制武器、战俘待遇等，一直为人们所坚持，这可以用有关各方的相互利益来解释。但这不是全部理由。我已论证过的适用于冲突和侵犯关系的直接性和相关性条件，也适用于战争。我说过，对战争行为有两种绝对主义的限制：对敌对的合法目标的限制，以及在即使是目标得到承认的情况下对敌对性质的限制。我将就这两

---

① 最后，我应当提一下罗伯特·诺齐克提出的另一种可能性：反对从另一个人的灾难中获得好处是有强烈而普遍的根据的，不管它是不是因为这一点或任何其他理由而有意让他承受打击。这个比较宽泛的原则完全可以用来增强这种绝对主义的论点。

种限制谈谈看法。不过，我在这两个方面所概述的原则都不会产生一个明确的答案。

首先让我们看看，说攻击某些人是允许的、攻击其他人则不允许，究竟是什么意思。断言用机关枪射击那个向你的炮台扔手榴弹的人是把他当作人对待，这似乎是自相矛盾的。然而同他的关系却是直接而简单的。[①]攻击行为明确针对一个危险的敌人所造成的威胁，而不是针对周围的一个碰巧能使敌人变得脆弱但却与那种威胁毫不相干的目标。例如，你可以用机枪射击站在附近的他的妻子和孩子，从而分散他的注意力，阻止他炸死你，并使你能够抓住他。但是如果他的妻子和孩子没有威胁你的生命，那就是把他们当作报复的手段了。

然而，这正是一个小规模的广岛事件。人们反对大规模的毁灭性武器：核能的、热核的、生物的或者化学的武器，是因为它们不分青红皂白的杀伤力使它们失去作为表现敌对关系的直接工具的特性。在攻击平民百姓时，人们对待武装敌人或平民，都没有给予他们作为人类所应有的起码的尊重。对于根本不构成任何威胁的人的直接攻击显然是这样。但是对于那些正在威胁你的人即政府和敌方军队的攻击，就其性质来说也是如此。你的侵犯所针对的是一个易受伤害的

---

① 马歇尔·科恩曾经说，根据我的观点，对某人开枪建立了一种我-你关系。

地区，完全不同于他们造成的任何使你有理由去对付的威胁。你透过其国民的平凡生活和生存来把目标对准他们，而不是对准摧毁他们的军事能力。何况犯这样的罪行无疑不需要用氢弹。

这种看待问题的方式还有助于我们理解区别战斗员和非战斗员的重要性，明白对它的可理解性和道德意义提出的许多批评是不中肯的。根据绝对主义的观点，有意杀害无辜者是谋杀，而在战争中，非战斗员就充当了无辜者的角色。有人认为这会产生两类问题：第一，在现代战争中，人们广泛认为要划分战斗员和非战斗员是困难的；第二，从"无辜者"这个词的内涵引申出来的问题。

让我先谈后面这个问题。①按照绝对主义的观点，无辜的有效概念并不是道德上的无辜，它不是与道德上的有罪相对立的。如果它是这个意思，那么，我们就有理由杀死敌方城市某个支持其政府罪恶政策的邪恶的但却是非战斗员的理发师，就没有理由杀死某个道德纯洁的应征士兵，他正怀着最深切的遗憾驾驶着坦克向我们冲来，他的心里充满着爱。但是道德上的无辜与此毫无关系，因为杀害"无辜"的意思是指"当下无害"，它所对立的不是"有罪"，而是"造成危害"。应当指出，从这样的分析可以推出，在战争中我们可

---

① 我对这个问题的说法是从安斯库姆的观点衍生而来的。

能经常有理由杀死那些不该死的人，而没有理由杀死那些该
死的人，如果有人该死的话。

因此我们必须根据他们当下的威胁或有害性把战斗员同
非战斗员区分开来。我并不声称这条界线十分明确，但是把
个体放在它的这边或那边也不像经常设想的那么困难。儿童
不是战斗员，虽然他们若能长大的话有可能加入武装部队。
妇女不能仅仅因为怀有孩子或为士兵提供安慰就成为战斗
员。更成问题的是辅助人员，无论穿不穿制服，包括运送军
火的驾驶员和军队炊事员，到生产军需品的平民工人和农
民。我认为，运用实施战斗必须针对危险的原因而不是它周
围的目标这个条件，就可以对他们作出令人信服的分类。一
支军队及其成员造成的威胁并不仅仅在于他们是人这一事
实，而是在于事实上他们是武装的并且利用他们的武装以追
求某些目标。对他们的武装和后勤的贡献是对这一威胁的贡
献；对于他们单纯作为人的生存的贡献则不是。因此攻击那
些仅仅是为战斗员作为人的需求服务的人，如农民和食物供
应者，就是错误的，虽然作为一个人而活着是充分履行士兵
职责的一个必要条件。

这使我们面对第二组限制：关于对战斗员可以采取的行
为的限制。这些限制更难清楚地说明。有些限制也许是任意
的或习惯的，有些也许是从其他来源引申出来；不过我相
信，敌对关系中的直接性和相关性这个条件，在相当大的程

度上可用来说明它们。

首先考虑一个实例，它既涉及受保护的非战斗员，也涉及允许对战斗员采取的措施的限制。普遍公认的战争规则中，有一个条款是战争中医护人员和伤员的特殊地位，虽然在越南这项规定已成为一纸空文。一看见医护人员就开枪，让敌军的伤员死掉而不让他草草包扎之后第二天又参加战斗，这样做也许更有效。但是人们认为不应干扰佩戴医护人员标志的人，并允许他们照料和收容伤员。我认为，这是由于医疗照顾是对极其普通的人的需求的一种照顾，而不只是对作战士兵的特殊需求的照顾，而且我们与该士兵的冲突并不是与他作为一个人的生存的冲突。

把这个观点推广运用一下，便可以证明禁止使用某些特别残酷的武器是合理的，这些武器包括：饥饿、毒药、传染病（假定它们只对战斗员使用），还有为了使敌人致残、毁形、受折磨而不只是为了使他停止战斗的武器。我认为，声称这样的武器攻击的是人，而不是士兵，这样说并非只是诡辩。例如，达姆弹①的效力远远超出用它们来对付的战斗局面所必需的范围。它们根本不想区分它们对战斗员和对人所造成的后果。因此，无论在什么环境下，也无论攻击的目标是谁，使用喷火器和凝固汽油弹都是凶恶的暴行。烧伤造成

---

① 达姆弹（dum-dum bullets），着弹后即膨胀扩大，使人员受重伤。——译者

极大的痛苦，极大程度地损毁人的外形，远远超过其他各种创伤。这一众所周知的事实，未能对美国武器政策起到限定作用，这说明从西班牙宗教异端裁判所以来，公职人员中的道德敏感性并没有显著的提高。[①]

最后，对敌对的真正对象适用同样的适当性条件，应当限制对敌国的攻击范围：它的经济、农业、交通系统等。即使认为军事冲突的各方不是军队或政府而是整个国家（这通常是一个重大错误），也不能证明一个国家对另一个国家的一切方面或一切要素发动战争是有理的。那样的行为在个体之间的冲突中是没有道理的，而国家比个体更加复杂，因此同样的道理是适用的。像一个人一样，一个国家在开战时还从事着无数其他的活动，在那些方面它并不是敌人。

这个论证反复表达的意思是，有关谋杀的绝对主义论点，其基础在于支配人与其他人的所有关系（不管是侵犯的关系还是友好的关系）的原则，这些原则和那种绝对主义也适用于战争，结论是：不管效果如何，某些措施都是不能允

---

① 除此之外我就觉得没把握了。说到底，普通的枪弹能致人死亡，而且没有什么比那更长期不变的了。为什么我们有理由试图杀死那些想杀我们的人（而不只是试图用某种也可能导致他们死亡的力量来阻止他们），我对此一点没把握。人们常常争辩说，使人丧失能力的毒气是比较人道的武器（如果不像在越南那样，用它只是为了使人更容易被枪击中的话）。或许限制使用它们的合理性取决于逐步升级的危险性，以及保持任何常规限制范围的重大功效，如果各国愿意遵守它的话。

我想澄清一下，我的论点并不是为了证明《海牙公约》和《日内瓦公约》的道德标准不可变更。相反，我认为，它们在一定程度上以道德为基础，对它们的修改也应当根据道德的理由予以评估。

许的。[1]我并不想把战争浪漫化。要是以为当国家进行战争时，它们有可能提高到个体间暴力冲突所特有的有限野蛮的水平，而不是在巨大的武库使它们安心、把它们包围的情况下在道德泥潭里打滚，这是十足的空想。

七

我们已经描述了绝对主义论点的要素，现在必须回到它与功利主义的冲突上来。虽然在赌注很高的情况下，某些肮脏的策略变成可接受的，但是对那些最严重的被禁止的行为，如谋杀和酷刑，所要求的就不只是非常强有力的辩护。这些事根本就不该做，因为不管结果有多少好处，都不能为如此对待一个人而辩护。

事实仍然是，当一个绝对主义者知道或相信，如果拒绝采取某一被禁止的行为，付出的功利代价将会非常高时，他可能坚持拒绝采取这个行为，但是他将发现，很难认为一个道德的两难问题已经满意地解决了。某个拒绝绝对主义的要求并反而采取能有最合意结果的行为的人，可能也同样如此。在这两种情况下，都可能觉得人们的行动理由不足以为

---

① 有可能得出一个更彻底的结论，我不在这里继续讨论了。也许现代战争的技术和组织已经使它不可以一种人际甚至国际敌对的可接受方式进行。也许它是太非个人化、太大规模了。如果是这样，那么，在现在的情况下，绝对主义实际上就意味着和平主义。另一方面，我对技术决定它自己的用处这个没有明言的假定持怀疑态度。

违反对立的原则而辩护。在生死一搏的冲突中，尤其是在弱小的一方面临被强大的一方消灭或奴役的威胁时，诉诸暴行的论点可能是强有力的，而道德的两难可能是尖锐的。

也许有一些尚未整理出来的原则能使我们解决这样的两难。但是也可能没有这样的原则。我们必须面对悲观主义的选择，即这两种形式的道德直觉不可能结合在一个单一的、一致的道德体系中，这个世界提供给我们的处境有可能使人无法采取光荣的、道德的行动，没有一种行动是没有罪感、没有罪责的。①

道德死胡同的观念是一个完全可以理解的观念。人们可能因为自己的过错而陷于这样一种境地，而且人们无时无刻不在这么做。例如，如果某人做了两个互不相容的承诺或保证，比如与两个人订婚，那么，他所能够做的事就没有一件不是错的，因为他必定至少违背他对其中一个人的承诺。把事情和盘托出并不能消除某人应受的指责。不过，存在这样的情况并不造成道德上的麻烦，因为我们觉得该情况并不是不可避免的：某人一开始做错了事才陷入这种情况。但是，

① R.M.黑尔在对这篇文章的答复中（《战争与道德的推理规则》，载《哲学与公共事务》，第1卷，第2期［1972年冬季号］，第167页）指出，我在这里承认这样一种可能性，而在前面第四节中则主张，对绝对主义的表述要避免得出推论说在某些情况下人们所能做的事没有一件是道德上许可的，这两者之间存在明显的不一致。区别在于，在那些情况下，道德的不一致产生于一个原则的运用，而在这里，所描述的两难境地产生于两种根本不同的原则之间的冲突。

如果世界本身，或者其他某个人的行为，使得一个以前清白的人必须在道德上可厌的做法之间做选择，使得他和他的名誉无处逃遁，那又怎么样呢？我们的直觉会反抗这个想法，因为我们觉得，构造这样一种情况，表明我们的道德观必定有矛盾。但是，说某人可以做 X 或不做 X，而且无论他采取哪种做法都是错误的，这说法本身并不是一个矛盾。它只是与"应当"意味着"可能"这种假设矛盾，因为据推测人们应当抑制自己不做错事，而在这种情况下又不可能这么做。[①] 考虑到人类行为的局限性，以为世界可能让我们面对的每一个道德问题都有答案的想法实在太天真了。我们始终知道，这个世界不是什么好地方。看起来它可能还是个邪恶的地方。

---

① 克里斯托弗·布尔斯最先向我指出这一点。E.J.莱蒙的《道德的两难》也提出了这个观点，参见《哲学评论》，第 71 卷 (1962 年 4 月)，第 150 页。

第六章　公共事务中的冷酷无情

一

现代的重大罪行是公共罪行。在某种程度上，可以说过去也一样，但是政治权力增长所造成的大规模屠杀和掠夺，已经使私人罪犯、海盗、土匪们的所有行径相形见绌。

公共罪行是在政治、军事、经济机构中担任要职的个体所犯的。（由于宗教在政治方面的软弱，代表他们犯下的罪行现在比较少见。）然而，除非犯法的人具有希特勒、斯大林或阿明那样的独创能力，那些罪行似乎不能完全归咎于个体本身。著名的政治巨头所具有的强大道德人格足以超出其公共职责的界限；他们把自己的行为的所有重要性表现为个人的道德属性。不过这些都是例外。不仅普通的士兵、刽子手、秘密警察和投弹手在道德上被所任的职责包裹在内，而且大多数国防部长或国务卿，甚至许多总统和首相也是如此。他们作为官员或公务员而行动，因此，作为个体，他们与他们所作所为令人费解地隔离开来；他们自己认为是隔离的，大多数旁观者也认为是隔离的。即使某人对有关行动的功过确信无疑，但是政府代表们似乎具有一种不可靠的道德外衣，这是他们的职责或职务造成的。

对越南战争期间格外残忍的政策负有责任的几位美国政治家当然也是如此。罗伯特·麦克纳马拉（Robert McNamara）是世界银行的总裁。麦乔治·邦迪（McGeorge Bundy）是福特基金会的主席。在越南和平协议签订之后对柬埔寨进行完全非法的轰炸期间，埃利奥特·理查森（Elliot Richardson）是尼克松手下的国防部部长。他后来成为司法部部长，不服从尼克松因阿奇博尔德·考克斯（Archibald Cox）要白宫交出录音带而提出解雇的要求，遂辞去这一职务，为此受到广泛赞扬。他那善于选择的荣誉感对他很有利：此后他成为驻英国大使、商业部部长和无任所大使，我们将更多地听到他的消息。基辛格无疑是一位得到高度评价的人物，尽管有 1972 年的圣诞轰炸以及此前的种种。

我这里预先假定的判断是有争议的：并非所有人都同意说美国在越南战争期间的政策是有罪的。不过就连那些确实这样认为的人，也可能发现很难根据使犯罪发生的公职而把罪行与罪犯联系起来。过去的反战示威者遇到这些杰出人物中的某一位，不会感到非常不舒服，除非因为不习惯与任何像世界银行总裁这样强大的人物直接接触而有点不安。

我想，关于公共职责或职务的道德影响是存在问题的。

当然它们对履行公职的个体的行为有深刻的影响，在一定程度上是限制性影响，但也有不可忽略的解放性影响。有时候公职赋予人巨大的权力，但即使在不赋予巨大权力的地方，如在一个步兵或警局的审讯员那里，它也会产生一种具有强大吸引力的道德隔离感。特殊的要求加上某些通常限制的免除，有资格说某人只是服从命令、做自己的工作或履行自己的责任，感到某人只是一种巨大的客观力量的代表或比任何个体都更大的机构的仆人——所有这些观念酿成一种轻率的、有时是腐败的风气。

但是除非某一职责中的行动有特别重要的地位，否则上述情况是不会发生的。如果职责鼓励非法地免除道德限制，那是因为它们的道德影响被歪曲了。为了有助于理解这种歪曲，可以考虑目前有关公共事务道德讨论的另一个奇特之处：重点放在那些个人的限制上，它们能够补充职务限制的缺乏——公共责任感和无责任感这枚硬币的另一面。公众人物不应当公开利用他们的权力使自己或家人致富，或去获得性的特权。这些原始的放纵行为通常都是隐蔽的、被否认的，人们强调的是公众人物为人正直、公正无私。人们以为，在履行官方职能时的这种不偏不倚可以保证他们有可敬的道德地位，使他们在公共舞台有显著的自由。毫无疑问，私人犯法极为普遍，但是一旦被揭露，就可能被严厉处罚，因为把巨大的公共权力与自由分开的一条道德限制的微妙界线已经被打破。施皮罗·阿格纽（Spiro Agnew）[①]绝不会成为福特基金会的首脑。

这种交换看上去相当直截了当。行使公共权力可以免受其他人强加的某些限制，主要是个人的限制。因为职务应当不受履行职务者的私人利益的侵害，他在职权范围里做的事似乎也是非个人化的。这就使人们产生一种幻想，不能强制地把个人道德观运用于它，也不能严格地把它归之于他的道德表现。他所担任的职务介于他和他的非个人化的行为之间。

别的不说，这样一幅图画掩盖了一个事实：权力的行使，不论在什么职位上，都是个体自我表现的最个人化的形式之一，是纯粹个人快感的一个丰富源泉。人们轻易不承认权力的快感，但是它是人最原始的感情之一，很可能起源于婴儿期。多年享有这种快感的人有时会意识到它的重要性，但只是在他们不得不退休时。尽管他们举止庄重、言辞客观，有形的表现不多，掌握公共权力的人们个人卷入的程度极高，而且很可能非常喜欢它。但是不管是否有意识地喜欢，行使权力都是一种基本的个体表现形式，作为其基础的机构或职务不是消除而是增强了这种表现。

_____

① 施皮罗·阿格纽（1918—1996），美国副总统（1969—1973），1973年10月被控在任马里兰州州长和副总统期间接受贿赂，因而他对逃避所得税这一次要的指控申明不做辩护，提出辞职，作为撤销对他进一步起诉的条件。——译者

因此，当我们试图说出公共职责或公共行为在道德方面的特殊之处时，必须集中考察它如何改变了对个体的要求。不管他的行为是蓄意消灭一个城市，还是仅仅奉命开火，这些行为都是他的行为。因此，如果这种道德处境不同于他不行使职权时的情况，那必定是由于要求不同。

二

很难概括地讨论这个问题，因为各种职责和职务之间的差别非常大。不过，个体道德观与公共道德观之间的不连续性的问题，在某种程度上是一个普遍的问题，因为答案只能采取两种形式之一。要么说公共道德观可以从个体道德观引出，要么说不可以。不同情况下的答案在细节上会有极大的不同，但是如果公共道德观的某一重要因素不能从适用于私人个体的道德要求引出，它很可能是许多不同实例的共同特点。

要使问题有意义，必须对可引出性多谈一点。有趣的问题是，公共道德观的独特特征是否可以用已经在个体层面出现的原则来解释，这些原则在运用到公共事务的特殊环境时会产生明显的道德不连续性。如果是这样，那么公共道德观就在一种重大的而不只是琐细的意义上可从私人道德观引出。[①]

---

① 如果个体道德观被扩展到包括所有下述形式的真命题："如果个体承担公职 X, 他可能（或必须）做 Y"，或诸如此类，公共道德观就变成可以在琐细的意义上从个体道德观引出了。不过，这同认为公共要求和私人要求的基础之间没有联系是一致的。

它在规定个体的公共职责的条件下自然而然地从个体道德观中产生出来。

这又可能以两种方式产生不同的道德要求。或者，普遍的原则可能蕴含着对公共行为的附加约束；或者，一旦某人担任了某个公职，原则的某些要求就不再适用，因为它们的适用条件就会消失。也许变化涉及这两者的结合。考虑到第二种变化，即使公共道德观可以从私人道德观引出，对公共行为的道德限制也可能弱于对个体行为的道德限制。

可引出性之外的另一种可能是，公共道德观并不以个体道德观为基础，因此担任某些官职或行使某些职权的人就被要求或被许可做不能用那个基础来解释的事。这也可以采取两种形式。或者，他们可能在个体道德观不予过问的方面受到限制：例如，公职人员应当比普通人更关心普遍的幸福；或者，担任官职的人被许可甚至被要求去做那些从个体道德观看来不允许做的事。

从形式上看，可引出性和不可引出性都可用来解释公共道德观中附加的或免除的限制；因此两者都可以解释不连续性现象。在两者间做选择的唯一方法，是看哪种形式的解释能够更加完备详尽一些。我将从一种可引出性假说开始，它以常见的个体道德概念为基础。不过虽然这可以解释大量问题，它并不是包罗无遗的。因此，我将继续讨论不可引出性假说中我认为正确的东西，而这将包括对公共道德观的特殊条件所依赖的另一种基础的说明。

不过,即使公共道德观不能从私人道德观引出,也并不意味着它们是彼此独立的。两者可能来自同一源泉,当它用于生成迥然不同的私人和公共生活环境中的行动原则时,便产生各不相同的结果。私人道德观和公共道德观都不是终极性的。当普遍的道德约束运用于某类行动时两者才产生。仅当那些约束必须首先用于形成支配人们的个体行为的原则,而不能直接用于公共事务时,公共道德观才会是可从私人道德观中引申出来的。那样的话,人们就必须从普遍的道德约束达到私人的道德原则,并且只有在把私人原则用于公共环境时才能达到公共道德原则。但是并没有一种先验的理由可以认为伦理学具有这种结构。而如果没有这种结构,那么公共和私人道德观就可以享有一个共同的基础,而不必从一个引出另一个。以后我还要说到这一点。我想先探讨一下它们之间更直接的联系。

我的部分目的是想如实说明一下极易被那些以职务之责为幌子,替政治、外交或军事的特许活动辩护的人所歪曲的事实。不管是谁,只要他否认道德限制对某些公共决策的适用性,就是在提出一种道德权利要求,而且是非常强硬的要求。不过,认为私人道德与公共道德之间存在不连续性的观点有一定道理,要认识上述歪曲,我们必须了解这个道理。

三

　　官职的某些道德的独特性可以用义务论来解释。无论是谁，只要他担任了某一公职或官职，就必须承担履行某种特殊职能和常常是为某个特殊集团利益服务的义务。像更为个人化的义务一样，这就限制了出于其他理由可能对他提出的要求。回想一下 E.M. 福斯特 (E.M. Forster)[1] 的话："我恨事业这个观念，如果我不得不在背叛祖国和背叛朋友之间做选择的话，我希望我有勇气背叛我的祖国。"[2]他谈的不是公职问题，不过那里可能出现同样的问题。在有严格规定的职责，如士兵、法官或狱警的职责中，只有非常有限的一些考虑被认为同人们决定做的事有关，几乎所有通常的考虑都被排除了。对其他的公职规定较少，这些职位对任职者只限定某些考虑，如人类的利益，而在其他方面则不予限制。公众人物有时甚至会说并且相信，他们在决策时必须只考虑民族和国家的利益，好像考虑任何其他事情都会违背他们的责任似的。

　　人们安于接受对选择的这种明显限制，在某种程度上是因为，从另一个方面看，它免除了可能会很烦人的一些限

---

① E.M.福斯特 (1879—1970)，英国小说家。——译者
② 《我信仰什么》，载《对民主的两种喝彩》(伦敦：爱德华·阿诺德出版社，1939 年)。

制。不过任何这样绝对的观点都是错误的：并不存在他们所依附的如此极端的义务或职务。虽然入了伍，你不可能承担服从指挥官任何命令的义务。你不可能像黑手党职业杀手一样，签个合同就承担义务去杀害欠账的赌徒。甚至不可能承诺只为某人孩子的利益服务而全然不顾所有其他人的利益。对国家的义务也是有限度的，限度来自义务的道德背景。

任何义务或承诺都为某个特殊意图保留一部分有积极性的行动。生活就是那样，每个人所有的时间、能力和精力都是有限的。某人可能承担的义务的种类和限度，取决于对行动的分配的合理程度，以及个体以极不平衡的方式分配它的自由程度。个人的义务是如此，公共的义务也是如此。

在私人事务中，如果我们要让人们形成特殊的关系和联结，作出彼此可以信赖的特殊约定，某种排外性是必要的。出于同样的理由，较大的群体应当能够为了相互的利益进行合作，或者形成具有地理定界的社会单位。自然，这种合作单位的组织将包括机构、职责和职务，其中的个体将承担义务以特殊的方式为群体的利益服务：促进它的繁荣昌盛，保卫它不受敌人侵犯，等等。在一定程度上可以把大规模社会约定看作更多个体的义务和承诺的扩展。

也许某个机构的职责所赋予的额外权力，应当主要用于为那个机构及其成员的利益服务。从全人类利益对它提出的要求要少一些。不过，这并不意味着，反对直接或间接地损害他人的禁令就相应地放松了。只是由于你是某个国家的国防部长，杀害成千上万的人是你的权力，但是不能仅仅因为这一点就推论说，你在行使那个权力时应当不受限制，这个推论无法独特地从你为那个国家服务的义务中引申出来。人们对私人义务提出质疑，意思是在履行义务时不能过分自由，同样的道理，在履行公共义务时，对它们更大的权力也不能不加以适当的限制。在公共义务和私人义务一样起作用的范围里，没有理由认为，担任公职的个体在对待他人方面可以不服从传统的道德要求，或者说，在公共事务中，目的可以为手段辩护。

四

现在让我讲一下上述说明所遗漏的东西。公共行为的道德非个人性可能被夸大、被滥用，但是其中有一定的道理，这是一般的义务理论无法解释的。这种理论没能解释为什么公共义务的内容与私人义务有系统性的不同。非个人性在两个方面适合于公共行为：它意味着对结果的高度重视和对公正性的更严格的要求。它认可通常不许私人个体采用的办法，有时候它许可冷酷无情。要解释这一点，只能通过把道德理论直接运用于公共机构，公共义务与这些机构所产生的职责联系在一起。①为了说明公共事务与私人事务之间的不同，我们必须回到前面提到过的论点：公共道德观也许不能从私人道德观引出，不是因为它们来自不同的源泉，而是因为它们各自包含着独立地从同一个源泉引来的要素。②

道德观在所有层面上都是复杂的。我的基本主张是，它的非个人性方面在评估机构时要比评估个人行为时明显得多，结果是，机构的设计可能包括某些职责，任职者必须根据与支配私人个体的原则不同的原则来决定做什么。不过，这将根据终极的考虑证明在道德上是正确的，而那些考虑也是个人道德观的基础。我将只是以概略的形式提出这一观点，对于它所表达的道德见解多半也不做辩护。我的主要论点是，在公共事务中，冷酷无情可在多大程度上被接受——使公共行为者可能不得不弄脏他们双手的方式——取决于实现公共行为的机构的道德特征。

两种关心决定着道德观的内容：关心将会发生的事和关心某人正在做的事。③如果行为原则由第一种关心决定，它们将是以结果为中心的或效果论的，要求我们促成最好的总

---

① 我将就最大也最有权力的机构即国家及其行政部门来谈这个问题。不过公共机构的范围很广，包括大学、政党、慈善机构，以及革命运动。我将就民族-国家所说的许多话，在一定程度上也适用于这些例子。它们也属于某种公共道德观的范围。

② 这里收录我以前说过的意见，参见《没有基础的自由意志主义》，载《耶鲁法律杂志》，第 85 卷（1975 年）。

③ 我在第五章讨论了这一区分。

结果。如果它们由第二种关心决定，后果的影响将受到限制，一是所采用的手段受到某些限制，二是始终追求最好的结果这一要求有所放松。以行为为中心的道德观的特点，包括禁止以某些特定方式对待他人，即侵犯他人的权利，以及侵犯分配给每个人过自己生活的空间，总是要求他做每件事都对全体的利益有贡献。我把这些规定说成是以行为为中心的，因为虽然它们适用于每一个人，它们对每个人的要求取决于他的特有立场，而不是取决于非个人的效果论立场，后者观测最好的总事态，并为每一个人规定他为此所能做的一切。

道德观这两个方面之间的相互作用和冲突，在私人生活中是常见的。它们导致某种特定的平衡，即强调禁止伤害和干扰他人，而不要求为他人谋利，除非是在严重灾难的情况下。在大多数情况下，它让我们自由追求自己的生活，与某些人建立特定的联系，只要不伤害其他的人。

当我们把同样的双重概念用于公共机构和活动时，结果就不同了。这有好几种原因。机构不是人，不具有私人生活，机构职责通常也不会占去任职者的全部生活。公共机构的设计是为比个人或家庭的那些特定的目标更大的目标服务的。它们往往追求人民大众的利益（极限的例子会是某个世界政府，不过大多数现实机构的构成没有那么普遍）。另外，公共行为散布在许多行动者和次级机构上；在实施和决策两方面都有某种分工。所有这一切在以结果为中心的道德观和以行为为中心的道德观之间产生一种不同的平衡。这两类道德约束在公共事务中的表现不同，但它们都采取更为非个人化的形式。

同样以行为者为中心的对于手段的某些限制将适用于公共行为，也适用于私人行为。但是有些限制将弱一些，允许公共行为使用强制的、控制的或阻碍的办法，这些办法是不允许个体使用的。个体有权过自己的生活，不必总是要求他促进最好的总结果，公共事务也有类似之处，不过它表现在国与国之间的关系上，而不是在它们与其国民的关系上：国家在外部争端中可以保持中立，并且可以合理地偏袒自己的人民，虽然不能以世界其他地方的牺牲为代价，无论是多大的牺牲。

公职人员或公共机构与他们所要对待的个体相比，没有类似的自我放纵或偏袒的权利。也许以行为为中心的公共道德观的最显著特征就是，特别要求平等地对待所有相关的人。公共政策和行为必须比私人行为更加公正无私，因为它们通常利用对某些权力的垄断，还因为它们没有理由为形成个体生活的那些个人联系和倾向留下余地。①

---

① 如果一个巨人具有无限权力，在数百万普通人中独一无二并能影响他们的生活，能够迫使他首先根据非个人的理由来行动吗？我怀疑。他大概也会有私人的生活，会对他提出这方面的某些要求。国家与这样的巨人最为相近，并且它同样不受阻碍。

就结果而言，公共道德观将不同于私人道德观，因为它们分量更重。这是减弱某些以行为为中心的道德观的约束和许可的后果，这些约束和许可本来会有限制性影响。有关手段的更大的回旋余地，又使人们能够合法地设计机构并规定那些机构中的职责，机构的目标是在一个大范围里产生某些合意的结果，而那些职责的责任则主要是推进这些结果。在适当的范围之内，公共决策可能有理由比私人决策更加注重效果。它们也可能要考虑一些更加重大的结果。

说效果论的理由将会很重要，并不是说哪些结果重要。这方面人们做过许多研究，我将避免以效果论关于善的观点来讨论平等、自由、自主、个体权利的地位，以及幸福的总水平。需要记住的观点是，效果论者的价值观未必是功利主义的；除了对幸福、自由和个体性本身的重视以外，效果论者对社会机构的评估可能是坚决地主张平等主义的。此外，让社会成员有机会摆脱效果论的要求、过自己的生活，应当算作效果论社会测算中的好处之一。不过我并不试图在此提出一个完整的公共价值体系，因为我在此关注的是更抽象的主张，即在对公共机构的道德评估和证明其为正确中，效果论的考虑和公正无私起着特殊的作用。

公共道德观背离私人道德观的这两个方面，对于评估公共行为的影响将会是复杂的。因为公共道德观的约束，并不是作为一个整体、以同样的方式强加给所有的公共行为或所有的公共机构的。由于公共机构本身是复杂的而且相互分离的，相应地就有一种伦理的分工，或伦理的专门化。公共道德观的不同方面由不同的官员掌握。这就可能造成一种错觉，以为公共道德观比实际上更注重结果、更少限制，因为一般条件可能被错误地等同于某一特定职责的界限。但是事实上，那些界限往往预设了一个更大的机构组织，没有后者它们就会是不合法的。（最明显的例子是，法院实施宪法保护的限度赋予立法机构决定的合法性。）

通过这种相当复杂的途径，注重结果的道德观和注重行为的道德观的平衡，将证明公共机构的设计是合理的，它的官员们可以做私人生活中不宜做的事。某些违背私人道德观的行为显然是注重效果的，其他一些则将以其他形式表现公共道德观的非个人性。以行为为中心的约束将始终存在，对于手段仍然存在限制。不过那些限制相对结果来说可能比在个体那里要弱一些。

我只是改写了罗尔斯（Rawls）在"两种规则概念"中提出的一个论点。[①]他论证说，功利主义能够为在某些情况下排除功利考虑的做法提供辩护。我现在论证的是，一种比功利主义复杂的道德观，在直接用于评估人的行为时，与通过评估使行为发生的机构而间接地用于评估人的行为时，同

---

① 《哲学评论》，第 64 卷（1955 年），第 3—32 页。

样具有不同的含意。在这里不可能解释这种道德观的详细内容，不过它的许多特征依赖于一种道德普遍性概念，不同于作为功利主义基础的概念。功利主义评估基本上是根据一种把所有个体的观点结合起来的普遍观点来确定某事是否可以接受。这种结合的方法基本上是支持多数的。另一种方法是，根据一种在本质上代表每一个体的观点的纲要式的观点来问某事是否可以接受。这里结合的方法是一种意见一致的形式，因为概略视角下的可接受性代表各人的可接受性。这两种道德概念都可以声称平等对待每一个人，但它们是迥然不同的。我本人认为，道德观应当建基于各人的可接受性而不是全体的可接受性。问题在于解释清楚表达这些对立道德概念的那两种观点。[1]

也可以说，对于社会机构和个体行为分别使用这些基本的道德约束，产生了一种个体与社会之间的道德分工，其中个体的和社会的理想不可分割地联系在一起。公共道德观非个人性的仁慈是要提供一种背景，在这个背景下，私人道德观中的个体主义是可以接受的。私人的个体主义和公共的仁慈在社会上能否协调，它们之间的紧张关系是否使这成为不可靠的道德概念和不可靠的社会理想，这是一个紧迫而困难的问题。

---

[1] 罗尔斯在《正义论》中试图对此做出解释（马萨诸塞州，剑桥：哈佛大学出版社，1971 年），第三章。亦可参见本书第八章。

五

由于公共机构的专门化，并非所有机构对于总结果都同样敏感。一个重要的例外是司法机构，至少在法庭为保护个体权利不受公共和私人侵犯而设的社会里，它是例外。司法机构本身以及它所规定的职责——法官、陪审员、检察官——都不会因为关心总结果而受决定性的影响。它们根据更刻板的理由行动。在某种程度上，效果论者有关这样一种机构的总结果的推理，证明限制变通余地本身是合理的。不过法庭也体现了国家以行为为中心的道德约束——是非个人性的，但不是效果论的。非常重要的是，法庭应该认真对待个体公民，实施国家的公正无私。而且通过对其他公共机构所能使用的手段规定其限度，使那些机构可能更加充分地集中力量在限度范围内获取成果。

为了说明这种明确的主张，即这些限度不同于在私人生活中起作用的那些限度，我要考察两个熟悉的公共行为的例子：征税和征兵。在我们的社会，它们都是通过立法机关强制实行的，也许人们以为它们因此也是间接得到人民同意的。我认为，根据入伍者和纳税人参加投票或接受某些服务就说他同意征兵和征税，这是一种毫无希望的办法。不需要用选民同意来证明这种法律行为，因为立法机关作为一个机构有权根据效果论的理由做出这种决策，这种权力可以由其他方法从道德上说明其正确。定期回答选民的质询，是使这个机构具有合法性的一个特征（另一个特征是宪法对公民权利的保护）——但并不是因为这意味着每个公民同意它的行动而赋予它合法性。[1]特别当那些行动是强制性行动的时候，用选民同意来辩护是不可信的。

有人会把征税说成是一种偷窃，把征兵说成是一种奴役，事实上有人更愿意把征税也说成是奴役，或至少是强迫劳动。[2]有许多理由反对这些说法，不过那不是我们要讨论的问题。因为在适当限度内，由政府从事的这种做法总是可接受的，不管它们叫什么名头。如果某个年收入 2 000 美元的人，把枪对着某个年收入 10 万美元的人，逼他交出钱包，这是抢劫。如果联邦政府扣除第二个人的一部分薪水（用武警监禁的威胁强制实行反逃税的法律），并把其中一部分以福利支付的形式，如食品券或免费保健，给予第一个人，这是税收。以我之见，在第一种情况下，是用一种不允许使用的强制手段去达到一个有价值的目标。在第二种情况下，手段是合法的，因为它们是由一个为了促成某些结果而设计的机构客观地强制实行的。这种总体的分配方法，比作为私人主动行为的偷盗更可取，也比个体的施舍更可取。所

---

① 这个合法性概念见于托马斯·M.斯坎伦：《诺齐克论权利、自由和财产》，载《哲学与公共事务》，第 6 卷，第 1 期（1976 年），第 17—20 页。
② 如罗伯特·诺齐克：《无政府主义、国家与乌托邦》（纽约：基础图书公司，1974 年），第 169—174 页。

以如此，不仅是由于公平原则和效率原则，而且由于偷盗和施舍干扰着个体之间的关系（或缺乏这种关系），并带着个人的意图，而那种自动的、法定的强制征税制度则不然。一个平等的福利国家通过征税得到的结果，是个体剥夺的权利或个体施舍的义务都不可能达到的。征税由此提供了一个实例，公共道德观不是从私人道德观引出，而是从客观的效果论的考虑引出，这些考虑直接适用于公共机构，其次适用于那些机构内部的行为。一个旨在重新分配的税收制度，不可能被分析成许许多多全都满足私人道德观要求的个体行为的总和。

就征兵而言，是极端强制性的，这是人们被迫去做的事。你被命令去杀死正想杀死你的人，否则就要被监禁。除了作战之外，兵役包含对自由的非同寻常的限制。即使假定在有关何时入伍是可接受的，或什么情况下可准许免服兵役方面达成一致，这仍是一种强制，无法想象它可以由私人强加给人。A无法强迫B帮助他与抢劫他俩的一伙强盗搏斗，如果B情愿把钱给他们的话。然而，更为非个人性的公共道德观则产生不同的结果。

不过，并非一切行为都能得到许可。有关对待个体方面的限制，从公共的观点看仍然起作用，而且它们不可能完全由法庭来执行。在公共政策中最难划的一条界线是，在什么地方目的不再能为手段辩护。如果结果是公共道德观的唯一基础，那么它就可以为任何事情辩护，包括酷刑和屠杀，只要是为足够大的利益服务。不管界线是不是根据宪法的特殊保护条例划分的，个体道德观最强有力的约束将继续限制对公共事务的辩护，哪怕它具备极其有力的效果论理由。

六

关于公共道德观与私人道德观之间的连续性和非连续性的讨论到此结束。我已经论证过，公共道德观的某些具体特征可以用义务论来解释，这个理论也可以说明个体为限制他们将要做出某些选择的理由所能采取的步骤。公职人员承担特殊的义务，为他们的职务所要推进的利益服务——并且以多少定义明确的方式为它们服务。在这样做的时候，他们相应地减少了考虑其他因素即与机构或他们在其中的职责不相关的个人利益或更普遍利益的权利。

不过，我也论证过，公共义务的具体特征——它们对结果和对公正无私的重视——反映了公共行为的相对非个人性；它的规模，它的缺乏个体性，它的机构组织。义务论仅仅部分地解释了当个体担任公职时所发生的变化。它没有解释效果论的重要，或以行为为中心的理由在力量和性质上的转换。我已尽力说明，这些不同是把基本的道德约束直接运用于公共机构并由此运用于个体可能履行的公共职能的结果。

公共道德观的这两个来源，形成对公职人员执行公务时的行为的限制，即使他是在为机构的利益服务。那些限制很容易被忘记，有三个原因。第一，反对利用公共权力为私人谋利的限制，可以看作一个道德的缓冲垫，它使人们在公务上做的其他无论什么事都不受道德的指摘。第二，任公职者对某个特定集团承担义务这一事实，可能助长一种想法，以为除了那个集团的利益之外，他不应当考虑任何其他的事。第三，公共机构的非个人性道德观，以及考虑到公共行为的复杂性而必然出现的道德专门化，自然地导致许多职责的建立，它们的参照条件基本上是效果论的。对于使这些职责合法的必要背景缺乏注意，可能导致拒绝对手段做出任何限制，以为可以用越来越大的目标为其辩护。我已经论证过，这些全是错误的。重要的是记住它们是道德的观点：认为某种行为在某些条件下是可以允许的观点，必须用道德论据来进行批判或辩护。

最后让我回过来看担任公职的个体。即使公共道德观在本质上不能从私人道德观引申出来，它却适用于个体。如果某一个体担任了某一公职，他就承认了某些义务，某些限制，以及他所能做的事情的某些限度。像任何义务一样，这一步包含着风险，他将被要求以某些方式行事，而这些方式与他所接受的其他义务或原则不一致。有时候，他将以任何方式行事。但是有时候，如果他还记得这些义务，他会明白公共道德观本身划定的界线正在被逾越，他正被要求去进行一起合法的谋杀，或一场不公正的侵略战争。在这种时候，除了拒绝别无选择，而且，如果可能的话，应当抵制。尽管公共道德观具有非个人性，运用于机构时情况很复杂，因为其中的责任各有不同，但是它不仅告诉我们那些机构应当如何设计，而且告诉我们机构中的人应当如何行动。在执行公务时犯下失职罪的人可能和犯私人罪者一样有罪。有时候他的责任在一定程度上应由他的工作机构的道德缺陷来承担；不过那一借口的可信度与行动者的权力和独立性成反比。遗憾的是，这一点并未反映在我们对以前的公务员的处理中，他们经常做出远比受贿更为糟糕的事。

第七章　优先政策

人们普遍认为，现在黑人或妇女比白人男子更容易得到某些工作，更容易获准进入某些教育机构。不管事实是否如此，有许多人认为应当如此，其他许多人则认为不应当如此。争端在于：如果与一个在其他方面更合格的白人男子相比，[①]一个黑人或一个妇女被一所法学院或医学院优先录取，或者被某个教学或行政岗位优先录用，如果这样做是为了实行优先政策和满足配额，岂不是不公正吗？那个白人男子可以抱怨说他受到了不公正待遇吗？研究一下这种做法是否公正十分重要，因为如果它们是不公正的，要根据社会功利的理由为它们辩护就更加困难了。我将论证说，虽然优先政策不是公正原则所要求的，但它们也并非是严重不公正的——因为，它们所背离的制度由于某些理由已经成为不公正的，这些理由与种族歧视和性别歧视无关。

一

在美国，我们经过以下几个阶段才达到现在的状况。首先，而且是没多久以前，人们开始普遍认识到：应当废除为了阻止黑人或妇女得到合意的职位而蓄意设立的障碍。这种废除绝不是完全的，例如，某些教育机构有时候也许仍能限定妇女的入学名额。不过有意的歧视受到广泛谴责。

第二个阶段，人们认识到，即使没有明确的障碍，仍然可能存在歧视，不管是有意激起的还是无意激起的，这说明应当自觉努力做到公正、细致地考虑属于被歧视的那类候选者，注意黑人或妇女在合意职位上的比例，否则的话，觉察不到的偏见有可能影响选择。（另一个与此有关的考虑是，曾经对某一群体的工作表现作出可靠预测的标准，对于另一群体的工作表现可能做出不可靠的预测，因此持续使用那些标准可能造成一种隐蔽的不公正。）

第三个阶段，人们认识到，即使在歧视性的障碍被撤销之后，某种社会制度仍然可能否认不同种族不同性别的人有

---

① 我说那个白人男子"在其他方面更合格"的意思是，如果那个位置上已经有了一个具有相似资格的黑人候选者，他本来会优先于那个实际被选中的黑人而被选中；或者，如果选择是在两个具有相当资格的白人男性候选者中进行的话，这一个本来会被选中。两个白人妇女或两个黑人妇女也同样如此。（我明白，要确定相似的资格常常是不容易的，而且在有些情况下，相似的证书有时证明不同的资格——因为，例如，某人为了得到那些证书必须克服更多重大障碍。）

同样机会获得或就任合意的职位。对于利用现有机会或为现有职位竞争的能力，社会造成的不平等可能会继续存在，因为这个社会系统地为某个群体提供比另一个群体更多的教育、社交和经济的优势。这种优势提高了某人在求职或求学于职业学校时的竞争地位。在那些不久前还在很多方面盛行蓄意歧视的地方，如果以前被排除在外的群体感到进入新近对他们开放的职位比较困难，那是不奇怪的，至少，在一定程度上用以前的歧视造成的不利地位来解释这种困难似乎是可信的。于是导致了一些补偿措施，如特殊培训课程、经济资助、日托中心、见习或辅导等。设计这些措施，是为了让那些因种族或性别歧视造成资格欠缺的人变得合格。他们或者是歧视的直接受害者，或者由于属于某个许多成员都受歧视的群体或社区而被剥夺了权利。第二类影响的涉及面相当广，而社会所起的重大作用往往得不到承认。但是它的典型后果包括丧失自尊、自信、热情和雄心等优点，所有这些优点对于竞争的成功都十分重要，但又是任何特殊训练计划都难以恢复的。虽然是社会的不公正造成了这样的后果，社会要铲除它们却可能很困难。

对于补偿课程的这种辩护产生另一个问题。如果它的根据在于认为需要予以弥补的不利地位是社会不公正的产物，那么重要的是，社会不公正所起的作用究竟有多大，以及这种状况在何种程度上归咎于除不公正以外的社会原因，或归咎于非社会的而是生物学的原因。如果认为社会对补偿措施的责任仅与那些由社会不公正造成的不利地位有关，那么人们将把政治重要性归之于受基因影响的种族平均智商的差别程度（如果有的话），或把天赋的作用（如果有的话）归之于男女之间情感或智力特征的统计差别。另外，如果认为在社会造成的不平等当中，那些不公正地造成的不平等和那些仅仅是社会公正安排的意外结果的不平等之间存在重要区别，那么明确确定这条界线的所在就十分重要：例如，在论证某种不利地位是不公正地强加给人的、应予补偿时，是否必须指出某些意图。不过让我暂时把这些争端放在一边。

第四个阶段，人们承认，某些不公正造成的不利地位，给谋求那些在形式上向所有人开放的职位带来困难，一些特殊的预备课程和补习训练无法克服这些不利地位。于是人们面临两种选择可能。人们可以允许社会不公正造成的后果给谋求合意职位带来的不利地位，能否占有这些职位，只能根据与工作表现有关的资格来考虑。或者，人们可以建立一种优先选择制度，为那些资格欠缺的人打开方便之门，他们的欠缺至少在一定程度上是由其他处境或其他时间（而且可能是针对其他人）的歧视造成的。这是一个困难的选择，而且在观念上，采用一种更直接的补救办法，要比为了平衡社会制度某一部分的不平等而在另一部分引进相反的不平等强得多。如果整个社会包含带有复杂后果的严重不公正，那个社会里的单个机构没有可能调整它的竞争入学或就职的标准，以求在它那个机构的范围里消除不公正造成的后果。这使下述论点有了市场：只能根据与工作表现相关的标准来委派职务，如果这样做势必扩大或增加其他地方不平等待遇所造成的后果的话，补救的办法只能从更加直接地解决那些资格上的差别中寻找，而不是提出不相干的入学或就职标准，那将牺牲机构完成其特定任务时的效率、生产力和有效性。

因此在这第四个阶段中我们发现一种广泛的意见分歧。一旦谈到可弥补的个体之间不公正的机会不平等，有些人就认为，短期内没有其他可以合理采取的措施：不能弥补的不平等是不公正的，但是用相反的歧视来达到相反的平衡也会是不公正的，因为它们必定采用不相干的标准。相反，有些人觉得，在这种情况下固守通常与优秀表现相关的标准是无法接受的，并认为对境况较差的群体实行有差别的入学标准或雇用标准是合理的，因为它们以近似的方式补偿了过去的不公正所造成的机会不平等。

进到第五个阶段，要解决上述两难困境，加强对优先标准的论证，这一点还是有诱惑力的。可以这么考虑，如果与预测工作表现相关的标准并非是不可违背的，那么，人们是为了补偿由不公正引起的不利地位，还是由其他方式引起的不利地位而违背它们就无关紧要。人们无须解决种族差异和性别差异在多大程度上由社会造成这一问题，因为通常与资格差别相连的报酬差别，并非是自然公正原则的产物。当雇员们努力争取职位并高效地完成任务时，报酬差别就从竞争制度中产生出来了。从效率的观点看，某些能力与担任某个职位也许是相关的，但是从公正的观点看，它们并不相关，因为它们并非表明某人应当得到与这个职位一致的报酬。很有可能，使某人在某个职位获得成功的品质、经验和才能并非本身应该得到那些报酬，报酬只是碰巧与担任竞争系统中的某一职位相连。

结果人们可能得出结论说，要在社会报酬极高的职业中获得成功就必须具备某些条件，如果妇女或黑人较少符合这些条件，不管这是什么原因造成的，为了弥补这方面的不利地位，在效率允许的范围里，对这些群体适当应用不同的标准，使他们更可能与其他人一样得到合意的职位，就是公正的。根据这个观点，就不必把优先对待局限于只处理过去的不公正所造成的后果。

不过这显然不是一个可靠的论点。因为，如果放弃了予以补偿的不平等必须是由社会原因引起的这一条件，就没有理由把补偿措施限于确定的种族或性别群体。补偿性的选择程序就将以个体为基础在这些群体之内和这些群体之间运用，每一个人，不论种族、性别、资格，都同样可以在效率规定的范围内得到合意的职位。这可能要求，例如，法学院和医学院，在所有符合基本标准、可以从事该工作的求职者中采取随机化的录用原则。如果我们根据不同的能力并非应有不同报酬的原则行事，它将产生更大的平等，超出优先政策的支持者们所提出的要求。

美国不可能采取这样一种极端的方案，事实上它似乎是从如何处理种族或性别的不公正的特定观点中自然得出的，这就揭示出某种重要的东西。当我们试图处理由种族和性别之间的资格差异（不管它是如何产生的）所带来的优势上的不平等时，我们接触到这个制度的一个特征：对于减少这种不平等的尝试，它的每一次反应都是索取代价、设置障碍。我们必须面对这一可能性，即我们不得不与之斗争的主要的不公正就在于这个特征，我们现在所察觉到的种族和性别的不公正的某些最糟的方面，不过是差异化报酬这种巨大的社会不公正的明显表现。

二

社会总是根据能力给予报酬，如果不管出于什么原因，能力的差别明显地与其他特征如种族、宗教或社会出身相关，那么自由主义的机会平等制度就显出支持种族、宗教或阶级的不公正的面目。在没有这种关联的地方，则可能通过机会平等而显出公正的面目。但是，这两种情况下都有不公正，而不公正就在于报酬的制度。

自由主义的平等对待观念，要求让人们获得同样的机会，如果他们按才能或教育同样有资格利用那些机会的话。由于它要求相对平等地对待人们极不相同的特征，社会等级必定会反映、也许会扩大由自然或历史所造成的原有差别。因此，最近这些年来，自由主义受到越来越多的抨击，理由是，人们熟知的平等对待原则，加上它有关差异的精英概念，看来过于软弱，不能与自然和社会制度日常运作所施与的不平等作斗争。

对于人们应当得到他们的天赋才能给他们带来的报酬那种观点的这一批评，并非建立在下述观念上：除了社会机构之外，不能说任何人应当得到任何赏罚。[1]因为如果没有任何人应当得到任何赏罚，那么就没有与应得赏罚相反的不平等，而应得赏罚也就不能为平等提供论证。但是就许多收益和损失来说，接受者的某些特征与他应得的赏罚的确是相关的。如果人们在相关的方面是同样的，这本身就成为把利益平等地分配给他们的一个理由。[2]

相关的特征会随收益或损失而变化，由此产生的对应得赏罚的考虑的分量也会随之改变。事实上，在决定应当做什

---

[1] 罗尔斯似乎把这看作他自己观点的基础。他认为，只有在根据公平制度进行分配的背景下谈论实际的赏罚才是有意义的，而不能把赏罚作为一个前机构的概念用来衡量这个制度的公正与否。约翰·罗尔斯：《正义论》（马萨诸塞州，剑桥：哈佛大学出版社，1971年），第310—313页。

[2] 实际上这个观点是伯纳德·威廉斯在《平等的观念》一文中提出来的，载《哲学、政治与社会》（第二辑），P.拉斯利特与 W.G.朗西曼编（牛津：布莱克韦尔出版社，1964年），第110—131页。

么的时候，应得赏罚的考虑有时并不重要。不过我希望就一个重要情况说明我的论断：差异化能力并不总是决定人们是否应当得到经济和社会利益的特征之一（虽然它们当然决定人们是否得到这些利益）。事实上，几乎所有的特征与人们在这方面所应得的都不相关，因此绝大部分人都应当受到平等对待。[1]或许，人们主观努力上的差别，或者行为道德上的差别，与人们在经济或社会上应得的赏罚有某些关系。但是大部分人在这些特点上的差别并不很大，不足以证明报酬上非常悬殊的差别是合理的。[2]我不想在此为这些论断或应得赏罚这个概念本身的合理性辩护。如果认为这些都没有意义的话，余下的论证也不会有意义了。

得出一个结论说人们在某些方面应当平等地或不平等地得到赏罚，并不是叙述这个问题的目的。首先，应得的赏罚可能会被例如自由甚至效率所压倒。在有些情况下，平等的理由是相当虚弱的，背离它并不需要多少条件。当所涉及的利益比较次要或时间上有限，而且并不代表主体生活中的一

---

[1] 这不同于另一种情况：因为问题与赏罚无关，所以任何特征都与应得赏罚不相关。那样的话，就不能从人们的相关特征没有差别来推出他们应当受到平等对待的理由。决定如何对待他们的问题就应完全从其他方面考虑。

[2] 不能说我们应当得到我们并非应当得到的任何东西的结果，这不是我的观点。确实，一个人并非应当得到他的智力，而且我曾坚持说他并非应当得到卓越的智力所能提供的酬报。但是，他也并非应当得到他的不良道德品质或他的超出一般的工作愿望，然而他很可能应当得到由那些品质带来的惩罚或奖赏。有关这些问题的富于启发性的论述，参见罗伯特·诺齐克：《无政府主义、国家与乌托邦》（纽约：基础图书公司，1974年），第7章。

个重要价值时，就会是这样。

第二，也许虽然一种不平等与应得的赏罚相反，取消它也没有人能得到好处：可能做到的无非是，使那些由存在不平等而得到并非应得的好处的人的境况变坏。即使人们认为应得赏罚在决定公正分配中是个非常重要的因素，也不需要反对对谁都没损害的那些不平等。换句话说，从平等主义的赏罚观出发，接受罗尔斯那样的差别原则是可能的。[①]（我说这是可能的，而不一定是必须的。也许有人会反对差别原则，因为他们认为平等对待原则更为严密。）

第三（也是目前讨论中最重要的一点），决定某一特定利益分配中的相对应得赏罚，不能解决一切情况下的应得赏罚问题，因为可能有其他的利益或损失，它们的分配与第一种利益的分配联系在一起，而在一种利益和另一种利益之间，与决定应得赏罚有关的特征并非总是一样。

这与我们所考虑的情况有关。我说过，具有不同才能的人并不因此就应当得到不同的经济、社会报酬。但是，他们也许应当得到运用和发展那些才能的不同机会。[②]每当由于社会或经济的机制，或由于人的自然反应，两种不同利益的分配以上述方式产生联系时，也许无法避免与其中至少一种

[①] 罗尔斯：《正义论》，第 75—80 页。

[②] 或者由于在这些方面能力的差别与应得赏罚的程度相关，或者因为人们同样应当得到与他们的能力相称的机会。后者的可能性更大。

利益的应得条件相违背的分配。这将是个两难推论，不公正是不可能完全避免的。于是，情况也许是，对一种好处的公正分配，必须优先于对自动与之相随的另一种好处的公正分配。

在我们讨论的例子中，教育和就业机会的公正分配与经济和社会报酬的公正分配之间似乎有一种冲突。有一种假设（它的基础不只是效率）支持对那些同样有可能获得成功的人提供同样的机会。但是如果支持经济平等的假设远远更为有力，放弃它的理由也必须远远更为有力。因此，当"教育"公正与经济公正发生冲突，有时候就得为了后者牺牲前者。

三

在思考种族和性别歧视时，认为经济公正优先的观点，会使某些人支持与代表某一特定群体相称的录取配额。不管对某些职业中妇女和黑人数量之少作何解释，结果都是，他们很少得到那些职业的成员所享有的经济和社会的利益，而且不管对那些差别作何解释，都无法证明它们是合理的。因此公正看来要求那些职业录用更多的妇女和黑人。

这个解决办法的麻烦在于，没有精确地给不公正定位，而只是力图纠正经济分配在种族和性别方面的不公正，这是它最为明显的症状之一。当我们通过它的种族的表现形式看它时，我们能够觉察这种状况是不公正的，因为在我们心里种族这个问题至今还与不公正联系在一起。但是仅仅通过适当调整比例，把同样的差异化报酬制度转移到黑人这个类别或妇女这个类别身上，并没有什么收获。如果为了某些特征而给人们差异化报酬是不公正的话，那么，不管这种区别是在一个白人男子和一个黑人男子之间，还是在两个黑人男子之间，或两个白人妇女之间，或两个黑人妇女之间，同样都是不公正的。即使某种精英统治体系的报酬制度确实是不公正的，直接抨击它们的种族的或性别的表现形式，并不能对它们造成打击。

在大部分社会里，报酬是随需要变化的，而所需要的许多人的特征主要系天赋或才能所致。我认为，我们社会最大的不公正，既不是种族的也不是性别的，而是智力的。我的意思不是说，有些人比其他人更聪明是不公正的。也不是说社会完全根据人们的智力而给他们不同的报酬：通常并不是这样。不过，它通常给需要较高智力的工作提供比不需要那种智力的工作高得多的报酬。在一个技术先进的市场经济社会里，事情的结果就是如此。这并没有反映一种社会的判断，即聪明的人应当比愚笨的人有机会挣更多的钱。他们也许应当有更多的受教育机会，但并非因此就应当享有与之相随的物质财富。社会对美貌、竞技能力、音乐才能等的不同报酬，也是如此。不过智力及其教育开发提供了一个特别重要而广泛的例子。

即使现行报酬制度是不公正的，要对它做出总体改革，也不是个别教育机构或职业机构通过它们的录取或录用政策所能实现的。一个竞争系统必须给那些受过高级培训、具有高级才能的人奖赏，任何企业如果拒绝这么做，都会陷于不利的竞争地位。不管医学院或法学院实行怎样的录取标准，在这些学校学习成功的那些人，往往可能比学习不成功的人挣更多的钱。这并不是以预测成功可能的标准为基础的录用或录取程序不公正，而是作为成功的结果出现的。

没有一种完全公正的现成解决办法。如果在不同的益损分配中，应得的赏罚由不同的因素决定，即便相关的因素并不存在联系，有时候几种不同利益的分配却会有联系，那么，在某些方面存在不公正就是必然的，恐怕没法用一种避免不公正的分配原则来取代它。

公正也许要求我们努力减少物质的利益、文化的机会和机构的权威之间的自动联系。但是这样的变化即使能够产生，也只能依靠社会制度、税收制度和薪金结构的重大改变。修改学院或大学甚至银行、法律事务所和企业的录取或录用政策，并不能实现这样的变化。

根据公正原则，对录取或录用上的补偿措施只能做出这样的辩护：它们弥补某些特殊的不利条件，这些条件本身是被不公正地造成的，而且造成它们的因素有别于一般分配制度的精英性质。这些因素的作用很难证实或估计；它们很可能随被压迫群体中的个体而变化。即使什么地方有理由采取优先政策，它也不可能强到足以产生一种义务，因为，说一个多元主义的社会中的某一成分有义务采取歧视的措施去对抗由另一成分甚至整个社会造成的不公正，这是令人怀疑的。

四

这些考虑使人想到，如果不对不同群体的成员之间资格不平等的根源做出相当明确的假定，要以公正原则为理由，为强行规定种族的或性别的配额做论证，将会是难以成立的。这些假定越是思辨，这个论证就越无力。

但是如果我们回到本文开头提出的问题，争论的问题就不同了。问题并不在于优先对待是不是公正原则所要求的，而是在于它是不是与公正原则一致的。对那个问题，我们可以给出不同的回答。如果我们对差异化报酬的思考是正确的，那么优先对待政策未必就是严重不公的，而且它可以由社会功利的考虑而不是由公正原则来认可。我说不是严重不公，是为了确认，违背与智力机会的分配相关的标准本身是一种不公正。不过它的严重性减少了，因为与智力机会的分配相关的那些因素，是同与之相随的物质利益的分配不相关的。

根据相关的理由对某种利益所做的分配，带来另一种更重大的利益的分配，而那些理由与后者并不相关，在这种情况下，背离那些理由未必是对公正原则的严重违反。所以如此，有两个原因。首先，就第一种利益而言，对相关方面情况一样的人予以平等对待的假设，可能一开始就不是很有力。其次，信守那一假设的公正性，可能被与之相关联的其他分配的不公正性所掩盖。因此，出于平淡无奇的社会功利理由，或为了合理的制度目标，背离那些"相关的"理由是可以接受的，它不会为更明目张胆的、不折不扣的不公正案例提供辩护。自然，对于那些习惯于把获得成功的能力看作正确标准的人们来说，偏离通常的方法将显得不公正，不过这种现象可能是一个错觉。那得取决于通常的方法中包含多少不公正，以及背离它的理由是否充足，哪怕它们并不能纠正那种不公正。

　　当然，问题在于说出充足理由是什么。我不想提出一种为了保持例如企业的内部和谐而设计的一般的种族歧视或性别歧视而辩护的论证。如果在委派个体到高报酬职位工作时，把通常的种族、宗教或性别的歧视作为一个考虑的因素的话，大概就连那些认为对不同能力给予差异化报酬的制度不公正的人，也会把它看作一种额外的不公正。

　　是什么原因使司空见惯的种族歧视和性别歧视变得如此异常地不公正，我只能提供一部分说明。它对社会没有好处，它把一种贬值的感觉与人们生来就有的特征联系在一起。[1]把社会不利地位与某种遗传特征经常联系在一起会产生一种心理后果，使得具有那一特征的人和其他人都开始把它看作一种本质的重要的特征，并降低了具有该特征的人所能得到的尊重。[2]与此相随，那些没有该特征的人相比之下获得不受成见约束的尊重，由此做出的安排便为其他人的利益牺牲某些人最基本的个人利益，那些被牺牲的人就处在底部。（与较低智力联系在一起的社会和经济的不利地位也是同样情况，因此，它也是一种严重的不公正。）

相反的区别对待未必有这样的后果，而且可能对社会有好处。例如，假设黑人医生大量增加是值得想望的，因为否则的话黑人社群的健康需求就无法得到满足。再假设在黑人申请者目前一般的预科资格水平上，要想达到所想望的黑人医生的绝对数，而又不采取区别对待的录取标准，就需要大大扩充医学院录取的总名额。这样的扩充也许是无法接受的，或者是由于它的代价，或者是由于它会造成黑人和白人

---

[1] 关于这一点以及这里讨论的其他一些问题，欧文·M.菲斯作了详细而深入的论述，参见他的《公平雇佣法理论》，《芝加哥大学法律评论》，第38卷（1971年冬季号），第235—314页。

[2] 仅限于少数怪僻者的一种歧视行为不会产生这一后果。如果某些人决定，他们不同任何惯用左手的人打交道，其他每一个人，包括惯用左手的人在内，都会把它看作对一种非本质的特征的荒唐反对。但是如果每一个人都避开惯用左手的人，惯用左手就会成为他们的自我形象的一个重要组成部分，而那些受歧视者就会感到由于他们的本质而被鄙视。人们看作自己的本质的东西与他们得到赞扬或遭到鄙视的东西并不是互相独立的。

医生的总量大大超过社会的需求。这是优先录取政策的一个有力的论据，它不是以公正原则为根据，而是以社会功利为根据。（另外，从以前无法接近的职位上看到的范例，对其他黑人的志向和期望也会产生有益的影响。）

另一个方面的论据，从虽然合格但却未被录取的白人申请者的观点出发，不像反对通常的种族歧视的论据那么有力。这种做法不会伤害白人作为一个群体的自尊，因为，这种情况产生，只是由于他们在社会上占有总体支配地位，而且这种做法的目的只是为了有利于黑人，而不是为了排斥白人。此外，虽然为了其他人的利益牺牲了某些人的利益，被牺牲的是境况较好的人，而境况较差的人得到了帮助。[1]这项政策的意图是支持一个社会地位特别受压制的群体，这种压制对于该群体成员的自尊、对于社会的健康和内聚力都会带来破坏性的后果。[2]

因此，如果采取一种优先录取或录用政策是为了减轻一种重大的社会罪恶，并且它有益于处于特别不幸的社会地位的群体，如果为了这些原因它背离了一个本身不合公正要求

---

[1] 如果接受罗尔斯有关分配公正的平均主义假设，这是一个比较可取的牺牲方向。罗尔斯：《正义论》，第 100—103 页。

[2] 不像某些人所害怕的，这并不是对社会所有种族、宗教、人种的亚群体强行规定一种最小或最大配额的第一步。

的精英统治制度，那么，优先政策很可能并非是不公正的。[1]

不过，它也是需要代价的。它不仅必然会使那些更加合格却由于优先政策而落选的人产生怨恨，它还会让那些根据资格在任何情况下都不会得到一个合意职位的人以为，他们可能是由于优先政策而输给了更不合格的人。同样，这样的做法对于那些知道他们已经从中获益的人的自尊没有多大好处，而且还可能影响受益群体中另一些人的自尊，事实上那些人即使没有区别对待政策也能获得他们的职位，但他们无法判定自己不在受益者之中。这导致某些机构在他们的政策上说谎，或对通常录取标准的区别对待性质含糊其词，从而掩盖自己的政策。在某种程度上，这种掩盖是可能的，甚至是合理的，但是代价是无法完全避免的，只有当优先政策对消灭重大社会罪恶有贡献时，它们才会是可以容忍的。

五

当种族的和性别的不公正被减少时，我们仍将面对聪明的人和愚笨的人之间的极大不公正，他们类似的努力得到迥

---

[1] 亚当·莫顿曾提出另一种有趣的论证方式，我不准备展开论述。他说的是：这种做法不是从社会功利获得辩护，而是因为它会对将来更公正的局面做出贡献。这种做法就本身考虑也许是不公正的，但是它对长期公正的更大贡献使它得到认可，因为它消除了一种长期不变的模式。

然不同的报酬。即使差异化的经济和社会报酬制度已经不是系统地反映在性别或种族方面，这仍然会是一种不公正。如果与不同的职业和教育成就相联系的社会估价和经济利益更加统一，就没有理由关心教育或工作中的种族、少数民族或性别的类型。在目前，我们没有办法把职业地位与社会估价和经济报酬分离开，至少，不按中国模式极大地增强对社会的全面控制，就无法做到使它们分离。或许有人将发现某种办法，减少社会造成的聪明的人和愚笨的人、能干的人和不能干的人甚至漂亮的人和丑陋的人之间的不平等（尤其是经济上的不平等），而无须限制人们去获得机会、产品和服务，在选择工作或生活方式时，也无须求助于增加压力或减少自由。不过，在没有找到这样一种乌托邦式的解决办法以前，我们仍须面对权衡自由与平等这样的老问题。

第八章 平　等

一

　　针对问题的实质，论证平等固有的社会价值，这是很困难的。在一定程度上，可以用其他的价值标准如功利和自由来为平等做辩护。但是当它与这些价值标准发生冲突时，则会造成一些最难解决的问题。

　　当代政治争论承认四种平等：政治的、法律的、社会的和经济的。前三种无法用形式化术语来解释。承认每一个成人都有投票权和担任公职权，并不能保证政治的平等。承认每一个人都有权接受陪审团讯问，有权为受到侵害起诉，有权请律师，并不能保证法律的平等。取消各种头衔及阻止阶级流动的法定界线，并不能产生社会的平等。政治权力、法律保护、社会估价和自我尊重中重大的根本性的不平等，可以与这些形式化的规定同时并存。众所周知，每一种实际的平等对经济因素都十分敏感。虽然形式化体制可能保证每一个人最起码的社会地位，财富和收入上的巨大差异却造成巨大差距——这种差距还会被继承。

因此，经济平等的问题离不开其他的平等问题，这就使问题变得复杂，因为其他平等的价值也许具有非常不同的性质。用一种多少有点悖理的说法，它们的价值可能不是严格平等主义的。它可能取决于某些权利，如得到法律公正对待的权利，那种权利必须受到公正的保护，而且没有一种根本的平等标准就无法得到保护。在一种延伸的意义上权利是平等主义的，因为每一个人都应该拥有权利；不过这不涉及分配的公正原则问题。通常人们认为，平等保护个体权利是一种与功利和平等分配利益无关的价值观。后面我将评论这些价值观之间的联系，不过现在暂且让我们假设它们是彼此独立的。这就意味着，如果以保护政治、法律和社会平等的需要为理由来为经济平等辩护，那不可能是对平等本身（平等享有总体利益）的辩护。而后者更是一个具有重大意义的道德概念。它的有效性可以为支持经济平等（依据自己权利取得的一种利益）提供一个独立的理由。如果——实际上并不可能——巨大的经济不平等没有威胁政治、法律和社会的平等，它们就不会遭到那么多反对。但是它们仍然可能存在一些问题。

除了根据它与其他平等的关系所做的论证之外，对于经济平等本身至少还有一种非平等主义的、以功利为理由的工具主义的论证。边际效用递减原则说明，有许多财物，如果进一步增加，对于已经拥有大量这种东西的人所具有的价值，低于它对拥有较少的人所具有的价值。[①]因此，如果这样一种财物的总量和接受者的人数保持不变，对它的平均分配总是比不平均的分配具有更大的总效用。

必须对这一点和某些代价进行权衡。首先，试图减少不平等也可能减少现有财物的总量，因为它影响工作和投资的积极性。例如，累进的收入税和递减的边际效用使得购买那些最需要的劳动力变得更加昂贵。对平等的追求超过一定程度，也许会牺牲总效用，甚至牺牲社会中每一个人的福利。

其次，提倡平等也许需要令人反感的手段。为了达到均衡适度的平等，就必须限制经济自由，包括遗赠的自由。而要获得更大的平等，也许只能依靠更加普遍的强制手段，包括最终由公共行政部门分配工作，而不是由私人缔约。这当中的有些代价也许是无法接受的，不仅是根据功利主义的原则，而且是因为它们侵犯了个体的权利。反对以平等为目标的人可能争辩说，如果某种利益的不均等分配是互不侵犯各自权利的人们自由交往和协议的结果，那么，这些结果就不会引起反对，只要它们不使境遇较差的人陷于极端贫困。

[①] 对于人们的兴趣大相径庭的东西，如鸟鸣录音或恐怖连环漫画，情况显然不是如此。

二

因此关于平等的工具主义价值和反面价值有许多话可说；它的固有价值的问题并不是孤立出现的。不过，对那个问题的回答决定哪些工具主义的代价是可以接受的。如果平等本身是好的，那么为了得到它，损失一定的效率和自由也许是值得的。

对平等的固有价值的论证有两种类型，即公有主义的和个体主义的论证。按照公有主义的论证，平等对整个社会是有利的。它是社会成员之间保持正确关系的一个条件，也是在他们中间形成健康友好的态度、愿望和同情心的一个条件。这种观点用一种社会的和个体的理想来分析平等的价值。相反，个体主义的观点把平等作为一个正确的分配原则来捍卫——这是满足不同的人相互冲突的需求和利益的正确方式，不管那是些什么利益，是多是少。它并不认为任何特定的愿望或任何特定的人际关系是值得想望的。它赞成平均分配人类的财产，不论会是些什么财产——不管它们是否必然包括社区的或行会的财产。

虽然公有主义的论证非常有影响，我只准备考察个体主义的论证，因为我认为那种论证更可能获得成功。它会为我认为比较可信的自由主义的平等主义提供一个道德基础。我不准备做这样一种论证。本文只是讨论这样一种论证所必须采取的形式，它的出发点应是什么，以及它所必须克服的问题。

偏爱平等至多只是社会选择理论即涉及许多人的选择理论中的一个组成成分。为它辩护并不要求拒绝可能与它发生冲突的其他价值。然而，它被以某些其他价值为主导的社会选择理论所排斥。平等主义也许一度曾与贵族理论相对立，但在现在的理论争论中，它被两种非贵族价值的拥护者所反对，这两种价值即效用和个人权利。我准备考察一下这个争论，看看如何证明平等所具有的价值能够在某种程度上抵制这些价值而不是取代它们。

虽然我对这样一个原则的极广泛的基础感兴趣，我将从一个更专门的平等主义观点即罗尔斯的观点开始讨论。①它特别适用于基本社会体制的设计，而不是分配的选择，而且也许它不能延伸到其他情况。但是它是这个领域中阐发得最多的自由主义的平等主义观点，有关平等的许多争论都集中在它上面。因此我将首先按照他的观点提出平等、效用和权利之间的对立，然后我将说明我自己的平等主义观点与他的有何不同。

罗尔斯的理论认为，平等保护政治自由和个人自由比平等分配其他利益更为重要。不过他的理论就这点而言也是强

① 罗尔斯：《正义论》（马萨诸塞州，剑桥：哈佛大学出版社，1971年）。

烈的平等主义。一旦一些基本自由的平等得到了保证，他对一般财产的分配原则是，只有当不平等对社会中境况较差的群体有利时（例如通过产生更高的生产率和就业率），这些不平等才是合理的。

这个所谓的差别原则不是直接用来确定分配，而只是为了评估经济和社会的体制，后者反过来又影响财产的分配。虽然使境况更好一些对任何人都是一件好事，改善境况较差的人的处境所具有的价值，要超过改善境况较好的人的处境所具有的价值。这与有关改善的相对数量以及相对人数大体上没有关系。因此，假定要在两种可能中做出选择，一是使一千个穷人的境况多少改善一些，二是使两千个中产阶级者的境况显著改善，第一种选择会是更可取的。应当补充一下，为了这些目的，人的福利应当根据总的生活前景而不只是眼前的富足来作评估。

这是一个非常强烈的平等主义原则，虽然还不是我们所能想象的最激进的原则。它的构想是给改善的普遍价值加上一个境况较差者优先的条件。更加平等主义的观点会认为，即使不平等对境况较差者有利，它们仍然是坏事，甚至认为只要能充分减少不平等，哪怕使每一个人的境况都较差的局面也是可取的。只要论证仍然是个体主义的，那么，这样一种观点似乎有吸引力的原因，只能是基于经济平等和社会平等之间的联系。①

后面我将论述罗尔斯对这个观点的论证，并做出一些补充论证，但首先让我说一说这个观点自然与之对立的两种观点，为它辩护必须以这两种观点为背景。这些观点不同意平等的固有价值，而是承认其他的价值，追求或保护那些价值可能需要接受相当大的不平等。那些价值，如我已经说过的，就是效用和个人权利。

从功利主义的观点看，仅仅由于给境况较差者的利益会重要得多，就为了较小的利益而放弃较大的利益，或为了较少人的利益而放弃较多人的利益，那是没有意义的。最好是得到更多的好东西、更少的不好东西，不管它们是如何分配的。

按照个人权利理论，仅仅为了防止分配中的不平等状况的发展，干涉人们保存或遗赠他们所能挣到的东西的自由是错误的。为了防止重大罪恶而限制个人自由也许是可以接受的，但不平等并非是一种重大罪恶。如果不平等不是某人损害另一个人的结果，它们就不是不道德的。如果防止不平等的唯一办法，是把个人权利限制在不侵犯任何他人权利的自

---

① 可以这么论证，用工资级差刺激物质生产力，结果使最底层阶级生活得到的改善只是表面的，他们的自尊心受到的伤害超过了物质的得益。即使真正有利于境况较差者的不平等，也可能摧毁非分配的价值，如共同责任或博爱。参见克里斯托弗·奥克《正义即平等》，载《哲学与公共事务》，第5卷，第1期（1975年秋季号），第69—89页，特别是第76—77页。

由行动上，那么不平等就是必须接受的。

这两种理论都指出追求分配平等的代价，而且否认它具有超过这些代价的独立价值。更具体地说，它们认为，追求平等就是要求为了某些人不太重要的利益而不合理地牺牲另一些人的权利或利益。这两种理论彼此也是根本对立的。它们和平等主义一起，就如何解决不同人的利益之间的冲突问题，形成一个观点迥异的三重奏。

三

它们之间争论的本质是什么？问题由以产生的单位是个体的人，个体的人的生活。他们中的每一个都有要求考虑的权利。在某种意义上，这些要求的独特性乃是争端的核心。问题在于：（1）境况较差者是否有要求优先的权利；（2）实行那个要求是否会忽视其他不属于境况较差者的人的更大要求，如果采取一种不太强调平等的政策，他们会得到显著得多的利益；（3）它是否会侵犯其他人要求自由的权利和保护他们的权益的权利。

看上去这像是关于平等的价值的争论。但是它也可以被看作是关于人们应当如何被平等对待，而不是他们是否应当被平等对待的争论。这三种观点对于人们之间的道德平等有一个共同的假设，但是对它的解释各不相同。它们一致认为，在一个足够抽象的水平上，所有人的道德要求都是一样的，但是对这些要求是什么的看法却各不相同。①

个人权利的捍卫者把它们定位在不受他人直接干扰地做某些事情的自由上。功利主义者把它们定位在如下要求上，即在计算效用以决定哪种事态最好、哪种行动或政策正确时，要把每个人的利益作为成分充分考虑进去。平等主义认为它们体现在对现实的和可能的利益的平等要求上。虽然大部分社会理论都并非正好属于这些范畴中的某一个，而只是把对道德平等的一种解释放在首位，把其他解释放在次要地位，争端仍然是很尖锐的。

在一些非常重要的方面，所有这三种道德平等的解释都企图对每一个人的观点予以同样的重视。这甚至可以说是一种开明的伦理学的标志，虽然某些不具备这个特征的理论仍然具有伦理学资格。如果有关分配平等的观点的对立，可以看作对道德平等这一基本要求的解释上的不一致，那么，它就提供了一个可以用来衡量对立论点的共同参照标准。比较它们的辩护理由的特点，而不只是注意它们相互之间的不一致，应当是可以做到的。

对每一个人的观点予以同样的重视意味着什么，这要取

---

① 看待这个问题的这一方法，是由罗尔斯的提议想到的（私人通信，1976 年 1 月 31 日）：

"假定我们把平等待人与他们有（平等）权被平等对待区分开。（这里的人是道德的主体。）后者是更基本的：假定道德主体同意按准则行事并假定他们会同意某些平等对待形式，这时原始状态就意味着他们享有被平等对待的(平等)权利。还需要什么呢？"

决于在那个观点看来什么是道德上至关重要的，我们每个人必须得到同样重视的是什么。它还取决于这些重视是如何组成的。答案的这两个方面是相互依存的。让我们从这个观点出发，对上述三种论点一一进行考察。

四

功利主义的道德平等原则是一种多数裁定原则：每个人的利益都算一份，不过有些可能抵不上另一些。实际上决定结果的不是人的多数，而是经过适当权衡的利益的多数。说人是平等的，意思是每一个人都给一"票"，按照他的利益大小进行衡量。虽然这意味着少数人的利益有时能比多数人的利益重要，多数裁定作为基本概念，是因为给予每一个人同样的（可变的）分量以及结果由最大的总量决定。

用最简单的说法，把某人的所有利益或偏爱都算进去，并根据它们对他的重要性给出一个相对分量。不过人们已经提出了各种各样的修改。对功利主义提出的一种怀疑是，它把邪恶欲望（例如性虐待狂或偏执狂）的满足也算了进去。穆勒用的办法是区分高级的快乐和低级的快乐，而前者优先于后者。（对于痛苦能作相应的区分吗？）最近，托马斯·斯坎伦（Thomas Scanlon）论证说，任何分配原则，无论是功利主义的还是平等主义的，都必须使用某种客观的标准来衡量利益、需求或迫切性，以别于纯粹主观的偏爱，以避免无法接受的后果。即使目标是为了使对所有人有利的一定数量利益的总量最大化，也有必要挑选一个对每一个人公平适用的衡量尺度，而单纯偏爱不是一个好的尺度。"某人为了替他的神立碑，宁愿放弃不错的饮食，这个事实并不意味着，他要求别人援助他的计划的理由，同要求援助使他能够吃饱一样有力（即使假定要求别人做出的牺牲是一样的）。"[1]

即使引进了一种客观的标准，有道德意义的利益的范围仍然是非常广泛的，而且人与人之间各有不同。作为道德要求提出者的个体，多少仍然是个完整的人。另一方面，任何人的要求原则上都可能被其他人的要求所否决。在最后的结果中，某一个体的要求可能根本得不到满足，虽然在用于达到那一结果的多数主义的计算中，也曾把他的要求计算进去。

功利主义宽厚地看待个体的道德要求并把它们作为整体聚集在一起。它用由此产生的价值观来评估总的结果或事态，并由此引出对行为的评估作为次要的结果。人们应当从把所有个体的利益结合在一起的观点出发，去做能够产生最好的结果的事。功利主义的道德平等就在于让每一个人的利益在决定最好的总结果中同样起作用。

---

[1] T. M. 斯坎伦：《偏爱与急务》，《哲学评论》，第 72 卷，第 19 期（1975 年 11 月 6 日），第 659—660 页。

五

无论在结构上还是在内容上，权利与此大不相同。它们不是由多数裁定的，也不以其他任何方式聚集，而且不对总的结果提供评估。相反，它们直接决定行为是否可以接受。按照这种概念，人的道德平等就是以明确的方式提出彼此之间不受干涉的平等要求。在某些确定的方面，每个人都应当彼此平等对待。

在某种意义上，这些要求根本不是结合的。它们必须个别地受到尊重。对于任何人所能做的事的限制是：不会侵犯其他任何人的权利。因为每一个人的观点的独特性本身规定了这一限制，这个条件是一种一致同意的要求。

权利可能是绝对的，否则，在危害水平达到一个重要的临界点时，就可能允许无视权利而防止危害。但是不管它们是如何界定的，在它们适用的每一个场合，都必须尊重它们。它们给予每一个人一种有限的否决权，以限制别人可能对他做的事。

这种一致同意的条件，仅对限制某人可能对另一个人做的事情这一权利成立。在这个意义上，不可能存在拥有某些东西的权利，如享受医疗的权利，过高标准生活的权利，甚至生存的权利。人们有时候用这样的措辞谈论权利，是为了指出某些人类拥有物的特殊重要性。但是我认为，这些要求的真正道德基础是，比较迫切的个体需求优先于不太迫切的个体需求，而这本质上是一个平等主义的原则。为了保持区别，我将把"权利"这个词只用于一种给它的拥有者以否决权的要求，因此，如果每一个人拥有这个权利，就在这个方面对行为提出了一种一致同意的可接受性条件。在那个意义上，不可能有原来意义的生存权利，因为在有些处境下，任何可能的行为都会导致某个人或另一个人的死亡；而如果每一个人都有继续生存的权利，在那样的处境下就什么事都不允许做了。①

我正在考虑的那种权利避开了这个问题，因为它们是以行为者为中心的。例如，不被杀害的权利，并不是要求每一个人去做为了确保你不被杀害而必须做的事的权利。它只是一种不被杀害的权利，与其他人不杀害你的义务相关联。

这样一种道德标准并非要求把对权利的侵犯减少到最低限度。那样做只会在评估结果时把对权利的侵犯算在特别严重的罪恶中。相反，权利直接限制行为：每一个人都不许直接侵犯其他人的权利，哪怕由于他对少数人的侵犯可以间接地减少总的侵犯权利数。很难对这种以行为者为中心的限制作出解释。关于它们，作为解释，可以说，与要求我们竭尽

---

① 可能会有使任何事情都不允许做的情况，因为真正的道德两难困境使任何行为都成为错误。不过这些境况只会产生于不同道德原则的冲撞，而不会产生于一个原则的运用。参见上文第五章。

所能把对权利的侵犯减少到最低限度的原则相比，它们体现了一种更高程度的道德不可侵犯性。因为如果那就是原则，那么对权利的侵犯就不一定总是错的。对于不被谋杀（哪怕是为了防止其他几起谋杀而被杀）的权利的道德要求，与只是把谋杀算作重大罪恶的要求相比，要强有力得多，因为前者禁止后者可能会允许的谋杀。即使后者与前者相比能使人们防止更多的谋杀，前者还是比后者更强有力。不过对于说明以行为者为中心的权利，这并没有前进多少。认真的说明不仅必须考虑被保护的利益，而且要考虑行为者与他要对待的人的关系；即使为了达到非常想望的目的，行为者也不能以某些方式对待那个人，他是受约束的。与关注什么事发生相对立，关注某人正在对谁做什么，这是伦理学的一个重要的基本源泉，而人们对此缺乏理解。

我们注意到，权利所产生的首先是对行为的评估而不是对结果的评估，从中可以看出，它们对个体的道德要求也做了界定，比功利主义的界定狭窄得多，对它们的结合方式也不同。功利主义构想一种非个人的观点，把所有个体的观点结合起来以对效用做出判断，这种判断反过来又指导每一个人的行动。在权利的捍卫者看来，使得每一个人都不可侵犯的那些方面，体现了一种直接而独立的限制，即对任何其他人可能对他做的事的限制。没有一种观点的结合为所有人产生一个共同的目标，但是我们每一个人都要把自己的行为限制在一定范围，即不能在某些方面使任何其他人无法接受。通常，由于不侵犯别人的权利而可以做的事情的范围是相当广泛的。

由于这个原因，权利道德观往往是一种有限的，甚至是一种最低限度的道德观。它让大量的人类生活不受道德限制或道德要求的支配。正因为这一点，如果不做补充的话，它会自然地导出政治上的有限政府论，并且在极端情况下还会导出自由主义的最低限度国家论。要为推动所有各方面公众福利的大政府行为进行辩护，需要一套更加丰富的道德要求。①

从这种有限的道德观也可以得出推论，即某一争端任何一方的人数都不重要。在一种完全一致的道德观里，唯一重要的数字是一。如果道德的可接受性是指从每一个人的观点看在某一方面是可接受的，那么，即使在其他方面某一做法对有关的大多数人但不是所有人来说显然更可接受，也不会提出更多的道德要求。②

---

① 有关道德的范围的争端是伦理学理论中最深刻的争端之一。许多人对功利主义反感，是因为它使道德准则吞没一切，对任何时候的任何人，只允许做出一种最令人满意的选择，或很少几种同样最令人满意的选择。提出这种反感的那些人，对于伦理学界限划好之后应当留给个体的意向多大的和怎样的选择范围，各有不同看法。

② 约翰·托雷克最近在他的文章里从本质上为这种论点做出了辩护：《人数重要吗？》，载《哲学与公共事务》，第 6 卷，第 4 期（1977 年夏季号），第 293—316 页。他认为，假定要在救一个人的命和救另外五个人的命之间做选择的话，不能要求某人救那五个人：他可以救一个人，也可以救那五个人。我相信，他这么认为，是因为至少从某种观点出发可以说救五个人不是更好的选择。托雷克的确认为某些道德要求产生于特定的权利和义务，但是在这样的情况下，在有根本利害冲突的场合，无法界定一个普遍接受的条件，因此，做出的选择不受任何道德要求的支配。

于是，权利的道德平等就在于，分派给每一个人同样的利益范围，在这个范围里他不会受到其他任何人的直接干涉。

六

非常奇怪的是，平等主义建立在一种比以上两种不那么强调平等的理论更模糊的道德平等概念上。它对每一个人的观点采用了一种比权利论更富内容的说法。它在那个方面更接近于功利主义。在形式上它也更类似于功利主义，因为它首先与评估结果有关，而不是与评估行为有关。不过它不是用多数裁定的方法把所有观点结合起来。相反，它在各种需求中间确定一个优先次序，优先考虑最迫切的需求，而不考虑人数。在那个方面，它更接近于权利论。

在这里起作用的是什么样的道德平等概念，即授予每一个人的是什么样的平等道德要求，这些要求又是如何结合在一起的？每一个体的要求都有一种复杂的形式：它包括他的几乎所有需求和利益，不过按相对的迫切性和重要性排列。这就决定了它们中的哪一个要首先得到满足，也决定了它们要在其他人的利益之前还是之后得到满足。于是产生了某种近似于一致同意的原则。一种排列必须首先从每一个人最基本的要求看是可接受的，然后从每一个人第二基本的要求看是可接受的，依此类推。与权利论不同，个体的要求并不局限于人们可以如何对待他的特殊限制。它们关注某人所碰到的无论什么事，并且按适当的优先顺序予以保护，而不只是防范最基本的不幸。这就意味着优先顺序不能解决所有冲突，因为即使在最基本的层面也可能有利益的冲突，因此一致同意是不可能达到的。相反，人们只能满足于尽可能地接近它。

在阐述这个概念中有一个问题，即对优先顺序的界定：在分析每一个人的要求时，是否应当运用一种单一的、客观的迫切性标准，或者，他的利益是否应当按照他自己对它们的相对重要性的估计来排列。除了客观性问题之外，还有一个尺度问题。因为道德平等是人与人之间的平等，要排列的个体利益不可能是暂时的偏好、愿望和经验。它们必须是个体整个生活的某些方面：健康、营养、自由、工作、教育、自尊、爱好、快乐。平等主义的社会决策，必须在它们中间做出选择，是优先考虑物质利益还是优先考虑个体的自由和自我实现，结果大不相同。

不过让我把这些问题搁在一边。平等主义的优先制度的本质特征是，它认为改善境况较差者的福利比改善境况较好者的福利更为迫切。要确定谁是境况较差者，谁是境况较好者，以及程度如何，就必须回答这些额外的问题。但是，一种制度之所以成为平等主义制度，是因为它优先考虑那些整个生活前景处于底层的人的要求，而不考虑人数或总的效用。用最简单的说法，每一个有着更迫切的要求的人，比每一个有着不那么迫切的要求的人优先。平等主义的道德平等就在于，在确定怎么样会是总体最好时，按照同一个迫切性优先制度，考虑每一个人的利益。

<h1 style="text-align:center">七</h1>

显然，我们所讨论的这三种道德平等概念极不相同。它们对每个人的平等道德要求做了不同的界定，并以不同的方式从这些要求引出实际的结论。它们看上去是彼此完全对立的，而且很难看出人们如何在它们中间进行抉择。

我本人的观点是，我们无须在它们中间做出抉择。一种令人信服的社会道德会显现出它们三者的影响。功利主义者或信奉权利论者当然不会承认这一点。但是要为自由主义的平等主义辩护，并不需要证明，对道德平等的解释不能采用那些产生权利论或功利主义的方法。人们只需证明，平等主义的解释也是可以接受的。于是结果便取决于这些不同的价值观如何结合。

虽然我自己的观点与罗尔斯的观点有所不同，我将从考虑他的论证开始，以便说明为什么我觉得有必要提出另一种解释。①他为他的论点提出两种论证。一种是直觉的，属于日

---

① 我在《罗尔斯论正义》中阐发了我的某些看法，参见《哲学评论》，第 83 卷（1973 年），第 220—233 页。

常道德推理范围。另一种是理论的,取决于他的构想,罗尔斯用这个构想构造出他的社会契约说,他把这个构想称为原始状态。我将从第一种论证的两个显著例子开始,然后简略地考察一下他的理论构想。

罗尔斯反复强调的一个观点是,那些影响福利的自然的和社会的偶然因素——才能、早期环境、阶级背景——本身并非是应得的。因此由它们而产生的利益上的差别在道德上是不合理的。[①]只有当其他选择会使最不幸的人境况更差时,它们才能得到辩护。那样的话,每个人都从不平等得到好处,于是某些人得到额外的好处就可以作为一种手段而得到辩护。一种不太强调平等的分配原则,不管它以权利为基础还是以功利为基础,允许社会的或自然的偶然因素造成不平等,这种不平等既不能由于每个人得到好处,也不能由于那些得到更多好处的人应当得到更多好处而得到辩护。

另一个观点是专门针对功利主义的。罗尔斯强调,功利主义适用于社会选择问题,即涉及许多个体的利益的问题,是适合于单个个体的决策方法。[②]单个的人可能为了换取更大的利益而接受某些不利条件。但是当某个人因不利条件受到损害,另一个人却从中得利时,就不可能有这种补偿作用。

就我的看法而言,这些论证都不是关键性的。第一个论

---

① 罗尔斯:《正义论》,第74、104页。
② 罗尔斯:《正义论》,第27、187页。

证假定不平等需要正当的理由,假定有一种反对允许不平等的理由。只有出于那种理由,才会认为不应得的不平等在道德上是不合理的,是令人反感的,除非在别的方面得到辩护。如果说它们不合理仅仅是说没有理由支持它们或反对它们,它们就可能无需辩护,也就没有理由为了避免它们而侵犯任何人的权利。不管怎样功利主义者都能为他的系统所允许的不平等提供辩护:利益的总量大于没有不平等的情况。但是即使某种不平等只有在对每个人有利时才是可接受的,那也未必包含任何像差别原则那么强烈的含义。它所说的不只是对平等的某种偏离可能在某种程度上对所有人有利,而且它会要求采用一种特殊的平等主义,优先考虑对境况较差的人最有利的做法。

第二个论证依赖于对功利主义所做出的判断,德里克·帕菲特(Derek Parfit)最近对这个判断提出了挑战。[1]但是即使这个判断是正确的,它也没有为平等提供论证,因为它没有说明为什么数学上的求和法对于大多数人的经验来说是不可接受的。它当然不能仅从个体选择的延伸而得到辩护,但是它有足够的表面吸引力要求用某种更好的可能选择来取代它。它只是说,好的东西总是多多益善,而不好的东西则是越

---

① 《后来的自我与道德原则》,载《哲学与人际关系》,A. 蒙蒂菲奥里编(伦敦:劳特利奇-基根·保罗出版社,1973年)。帕菲特提出,功利主义可能表示把短暂延伸的个体融入经验的序列而不是把单独的个体结合为一个大众人。

少越好。人们可以接受这个结论,而不必通过把个体选择原则延伸到社会选择来得出这个结论。没有特别的理由认为,在这两种情况下原则会是一样的或不一样的。

在功利主义中,内心的补偿没有特别的意义。只有在总体上拒绝接受不加限制地把利弊相加的背景下,它才开始具有意义,它对这个背景提供了一种例外。这个背景必须独立地得到辩护。单单内心补偿的可能性,既不支持也不削弱平等主义的理论。它只是意味着,如果平等主义的理论是可接受的,它的用途只应是跨生活的,而不是生活内部的。我们之所以把个体的人的生活,而不是个体的经验,作为任何分配原则应当对之起作用的单位,原因就在于此。不过它可以这样为平等主义观点服务,也可以这样为反平等主义的观点服务。这与罗尔斯的观点正好相反:没有一种特别的分配原则应当适用于人的生活内部,因为那是把适合于社会的选择原则延伸到个体身上。假定那个条件能够满足,内心的补偿在各种分配原则中间就成为中立的。

下面让我简略地考察一下罗尔斯的契约论论证。虽然他强调,他的理论是关于社会体制的道德观,我认为它关于平等的一般概念可以有更广泛的用途。原始状态,即他的社会契约论,是一种构想的一致同意的状况,每个人都被赋予一种概略的观点,那是从人们之间的差异中抽象出来的,不过考虑到了人们主要的利益范围。要求个体挑选评估社会体制的原则，所根据的设想是，他可以是任何一个人，但那并不意味着他具有成为任何人的均等机会，也不意味着他处于某一特定境地的机会与那一境地中的人数成比例。

由此产生的选择显示出普遍享有的优先权，并且把按照这些优先权排列的利益结合在一起，而不考虑所涉及的人数。以这样的优先权为基础一致选定的原则赋予每个人同样的权利，即让他的最迫切的需求比其他任何人不太迫切的需求先得到满足。优先权给予那些从整个生活看具有更迫切需求的人，而不是给予更多人所具有的需求。

至于在原始状态下很常见的那些不确定和无知的状况下，合理的选择会否像罗尔斯所说的那样，甚至在那样的状况下是否可能有任何合理的选择，一直存在许多争议。不过还有另一个更居先的问题。为什么在那些状况下，什么东西会被合理地同意能够决定什么东西是正确的？

让我们把这个问题更明确地集中在造成平等主义结论的原始状态的特征上。有两个特征。一个特征是，选择必须是一致同意的，因此必须剥夺每一个人有关他的利益概念或他的社会地位的一切信息。另一个特征是，不允许各方在选择时以为他们具有成为社会中任何人的均等机会，因为，在缺乏任何有关可能性的信息时，照罗尔斯的说法，运用不充足理由律任意指派某些可能性是不合理的。原始状态是在不补充人为替代物的情况下，通过减少信息构造出来的。由此直接造成了使极小值达到极大（maximin）的选择策略，后者又引出了支持总体境况较差的人和在基本自由权上给予更严格的平等的原则。

假定罗尔斯关于在那些状况下做出怎样的选择会是合理的论证是正确的，我们接着要问，为什么在无知的状况下做出一致同意的选择，同时不假设人们有均等的机会成为社会中的任何人，就正确表达了道德的约束？其他的构想也要求把所有的人看作道德上平等的。什么使无知状况下的一致同意成为正确的选择？它们确保人数不重要①而迫切性重要，但这正是争端所在。要解决这个争端，需要一种更加根本的论证。

八

主要的问题是，在对结果做出评价判断时，某种一致同意是否应当成为不同观点的结合体的一部分。平等主义和功利主义都关注结果，这是它们的理论之间的一个争端。权利论与它们两者对立，因为虽然也运用某种一致性条件，它是接受某些行为而不是接受某些结果的条件。因此，在为用评

---

① 由于差别原则不是用于个体而是用于社会阶级，境况较差者或任何其他群体内部的利益冲突都被并入一套平均期望值中。这就意味着在一个社会阶级内部，人数在某种意义上是重要的，因为要按平均值确定什么政策对它最有利。但是，在确定阶级之间不同的迫切要求的优先权时，人数并不重要。正因为此，这一社会正义概念的问题类似于那些更适合于个体的平等主义的问题。

估结果的一致性解释道德平等辩护时，我否认功利主义或权利论代表伦理学的全部真理。

正如我已说过的，接受平等主义价值观，并不一定意味着完全排斥其他的价值观。平等主义可以允许效用有独立的价值，自由主义的平等主义通常承认某些权利的重要性，它对追求平等或其他目标时可能采用的手段做了限制。[①]我相信权利存在，相信道德观的这个以行为者为中心的方面非常重要。在权衡其他人的要求、考虑人们可以做的事时，承认个体的权利也是接受某种一致可接受的要求的一个方面。但是唯一以权利为基础的理论忽视了太多道德上重要的东西，虽然它所包括的利益属于最基本的利益。不重视总体结果的价值的道德观点不可能是正确的。[②]

因此让我回到有关评估结果的一致同意问题。这样一个标准的实质在于，试图在一个道德评估中包括每一个人的不同观点，以便达到一个结果，它在某种重要意义上是每一个被涉及或被影响的人所能够接受的。凡是有利益冲突的地方，没有一种结果是每一个人都能完全接受的。不过，从每一个人的观点出发对每一个结果进行评估，努力找出一个对

①　罗纳德·德沃金在《严肃对待权利》（马萨诸塞州，剑桥：哈佛大学出版社，1977年）中为这样一种观点作了辩护。

②　我在《没有基础的自由意志主义》一文中更多地谈了这个问题，参见《耶鲁法律杂志》，第85卷（1975年），对罗伯特·诺齐克《无政府主义、国家与乌托邦》（纽约：基础图书公司，1974年）的评论。

最不能接受它的人来说是不可接受程度最低的结果，还是可能的。这就是说，任何其他可能的选择，对某人来说将是更不可接受的，对任何其他人来说则是比这一选择更不可接受的。从每一个人的不同观点出发，优先的选择是不可接受程度最低的选择。在这个意义上，一种给予境况较差者绝对的优先权而不考虑人数的彻底的平等主义政策，产生于总是选择不可接受程度最低的可能选择。

这种个体可接受的理想与整体的理想是根本对立的，后者通过把个体的观点结合成一个与所有个体观点都不同的混合观点来构造一个特殊的道德观点。功利主义通过把个体的观点加在一起做到这一点。分离的方法和混合的方法都充分而平等地考虑到每一个人。它们之间的区别在于后者超越个体的观点，达到比它们中的任何一个都更广泛的观点，虽然是以它们为基础。前一种则仍然与所考虑的一些个体的观点很接近。

正是这种使每一个人都可接受的理想成为平等要求的基础。我们可以看到它在即使只涉及很少人的情况下是如何发生作用的。假设我有两个孩子，其中一个是正常的，非常幸福，而另一个却因某种痛苦的缺陷而受罪。分别把他们叫作第一个孩子和第二个孩子。我正要换工作。假定我必须做出抉择：要么搬到一个生活费高的城市，在那里第二个孩子可以接受特殊的医疗和教育，但是家庭的生活水平要降低，对于第一个孩子来说邻居会是不友好、不安全的；要么搬到一个宜人的半乡村郊区，在那里，对运动和自然特别感兴趣的第一个孩子能够过自由快乐的生活。不管怎么看，这都是一个困难的选择。把它作为平等价值观的一次测试，我要设想这个实例有如下特点：搬到郊区给第一个孩子带来的好处远远大于搬到城市给第二个孩子带来的好处。说到底，第二个孩子也会因家庭生活水平降低和不愉快的环境而受损失。何况教育和医疗的帮助不会使他幸福而只是少一些痛苦。相反，对第一个孩子来说，这是幸福的生活和不愉快的生活之间的选择。让我再补充一点，如果做出了对某个孩子有利的决定，绝无办法给受到损失的孩子以有效的补偿。家庭已经倾注全力，而且哪个孩子都没有任何其他东西可以放弃并可能转化成对另一个孩子具有重要价值的东西。

如果某人选择搬到城市去，那会是一个平等主义的选择。给第二个孩子帮助是更迫切的，即使我们能够给他的益处小于我们能够给第一个孩子的益处。这个迫切性未必是决定性的。其他的考虑可能超过它，因为平等并不是唯一的价值。但是它是一个因素，而且它取决于第二个孩子的较差的境况。对他的境况的改善，要比对第一个孩子的境况同样的或更大的改善更重要。

假定这里还加上第三个孩子，另一个健康快乐的孩子，而我在分配不可分的利益时面临着同样的选择。给第二个孩子以帮助的迫切性依然存在。我相信这个因素实质上并没有因为加上第三个孩子而改变。在这里仍然像只有两个孩子的时候一样，帮助第二个孩子远远更为迫切。①

有关衡量迫切性的主要一点在于，它是通过成对地比较个体的境况来完成的。最简单的方法是，把某个境况较差者的处境的任何改善都看得比某个境况较好者的处境的任何改善更为迫切；但是这种方法并不特别可信。认为等级较高的巨大改善要比等级较低的微小改善更迫切，这种看法更合情理。这个修正过的原则仍然可以说是从每个人的观点出发，挑选不可接受程度最低的可能选择。这个方法可以延伸到涉及许许多多人的社会选择问题。只要人数不起决定作用，它就仍然是一种一致同意的标准，由对迫切性的适当衡量来界定。为平等辩护的问题于是就成了为追求有关各人都可接受的结果辩护的问题。

在回过头讨论这个问题之前，让我先说一下为什么我认为即使它被解决了，它也不会为一个正确的平等主义理论提供基础。在我看来，没有一种可信的理论能够完全回避人数的重大意义。迫切性的程度可能相差悬殊，不管涉及多少

---

① 注意，这些思想并不取决于任何有关时间的人格同一性概念，虽然它们可以利用这样一个概念。产生这些想法唯一需要的是人与人之间在某个时候的某种区别。只要我们能够区分两个人所有的两种经验和一个人所有的两种经验，分配公正的冲动就会出现。有关时间的人格同一性的标准仅仅决定一种分配原则起作用的单位的大小。简单说，我认为帕菲特关于分配公正与人格同一性之间关系的说明就错在这个地方。

人，优先权保持不变。但是如果对以下两种情况做出选择，一是防止某些穷困潦倒的人遭受严酷的困难，二是防止那些境况较好但仍为生存奋斗的人遭受不那么严酷但仍重大的困难，那么我就很难相信人数不值得考虑，不管境况较好的人有多少，都得优先考虑境况较差的人的需求。也许可以认为，这是效用超过平等的一个实例。但是如果平等主义的迫切性本身对人数这样敏感，似乎就没有一种一致同意的标准能够解释这种观点的基础。我们也想不出任何其他的基础。

九

为了提出一种更加彻底的、在结构上类似于罗尔斯的观点，我们需要说明，为什么通过个体的成对比较找出个体不可接受程度最低的可能选择，是在对抗的利益中间做出裁定的好办法。它能用什么理由来为这种把个体要求结合起来的方法辩护？我认为回答这个问题的唯一方法是提出另一个问题：道德观的源泉是什么？其他人的利益如何控制我们的道德推理，以及，这里是否蕴含着必须把它们一起考虑进去的一种方式？

有关他人的道德推理的来源，我有一个观点可以用来回答这个问题。这个观点与我在《利他主义的可能性》[1]中辩

---

[1] 牛津：克拉伦登出版社，1970年。

护的观点没有很大差别，这里我只做一个概述。我相信道德推理的一般形式就是让自己设身处地。这就使得人们接受了一种对他人的非个人化关心，与此相应的是对自己的非个人化关心，从个人化的立场出发与从非个人化的立场出发，也就是从生活内部出发与从生活外部出发，你所取的态度可能会有根本的不一致，于是需要以上关心来避免这种不一致。仍然会有某些值得注意的不一致存在，因为个人化的关心仍然与你自己和你的生活相关：它们不会被与它们相应的非个人化关心所替代或同化。[①]（人们通常也会以个人化的方式关心他们所亲近的某些他人的利益。）不过，我们是通过另外形成一种与所有其他个体的利益相应的平行的非个人化关心而引出道德推理的。它将是与我们在一致的压力的约束下看待我们自己的非个人化关心同样有力或同样无力、同样广泛或同样有限的。从某种意义上说，就是要求你像爱自己一样爱你的邻居：不过只是像你从外部公正而又超然地看待自己时对自己的爱一样。

这个方法分别用到每个个体身上并产生出一系列与个体的生活相应的关心。某人的客观利益与他自己主观认为的利益或愿望之间可能会有不一致，但是除此之外，在进入非个人化的推理领域时，他的要求作为某个个体的要求并未被改

[①] 就这点而论，我现在的观点与《利他主义的可能性》中的观点不同。

变。它们并没有离开他而同所有其他要求一起进入一个大议案箱。伦理学的非个人化关心是对自己和所有作为个体的他人的非个人化关心。它产生于一种对某人自己的生活和利益的非个人化关心的必然泛化，而这种泛化保留了原来个体特有的形式。

由于这个原因，所产生的非个人化关心是碎片化的：它包括对每个人的不同的关心，而且它是通过从每个人各自不同的观点看待世界，而不是通过从单一的广泛的观点看待世界来实现的。在想象中，某人必须分裂成世上的所有人，而不是使自己变成他们的一个混合体。

在我看来，这就使成对比较成为处理有冲突要求的自然方法。也许会有这样的情况，选定的政策结果将追求最大限度的满意而不是平均化的满意，但是只有在所有的个体都有平等的，或者至少不是明显不平等的获益机会的地方才会这样。[①]在最基本的层面上，同时从许多不同的观点中做出选择的方法就是保持它们不受影响并优先考虑最迫切的个体要求。

我说过，平等只是一种价值而且这只是一种选择方法。我们可以理解一种彻底平等主义的体系，正如我们可以理解一种彻底的权利论体系一样，但是我认为它们都不正确。效

---

① 我没有讨论这个问题：什么时候可以认为机会均等已经现实到能够胜过实际结果的不平等。或许那只适合于某些结果，以及确定机会的某些方式。

用是一种合理的价值，而它所依靠的多数主义的或混合的观点，在同时考虑许多不同的人相互冲突的利益时，是一种可以允许的方法。还有，用各种观点的不同估价来解释平等主义的价值观，是通向理解的一个步骤；如果它并不含有这些价值观是绝对的意思，那未必是一种欠缺。

第九章　价值的不完整性

　　我想讨论一下由价值的不完整性与决定的单一性之间的不一致所造成的某些问题。这些问题以实际冲突的形式出现，而且它们通常具有道德的成分。

　　所谓实际的冲突不只是指一种困难的决定。难以做决定可能是由于下列一些原因：由于不同方面的考虑势均力敌、不分高下；由于事实尚未确定；由于可能的行动方针会带来怎样的结果无法预料。在化学治疗和手术治疗的疗效尚未确定的情况下，要在两者中间做选择是困难的，但这并非我所说的实际冲突的例子，因为它并不涉及无法比较的价值观之间的冲突。除了事实的不确定之外，价值观还因其他理由而成为无法比较的。可能有这样的情况，即使某人对可供选择的行动方针的结果，或对它们的概率分布相当有把握，甚至他可能知道如何区分它们的利弊，他也无法把它们一起纳入一个单一的价值判断中，哪怕只是发现它们不分高下。不分高下也需要可比的数量。

最强烈冲突的情况是真正的困境，在那里，两种或更多种互不相容的行动或不行动的方针都各有明确的根据。在那种情况下仍有必要做出决定，但是看来必将是个任意的决定。当两种选择完全不分高下的时候，采取哪种选择都无关紧要，任意性也就不成问题。但是，当每种选择似乎都有明确而充分的理由说明是正确的时候，任意性就意味着在需要理由的地方理由不足，因为任何一种选择都将意味着违背某些理由而行动，却又不能声称超过了它们。

造成基本冲突的基本价值类型有五种。冲突可能产生于它们内部，也可能产生于它们之间，而后一种冲突是特别难处理的。（我没有把利己主义包括在内：它与其他任何价值观都可能冲突。）

首先，存在对其他人或某些机构的特殊义务：对病人的义务，对家庭的义务，对某人工作所在的医院或大学的义务，对社区或国家的义务。这些义务必定是由一种慎重的承诺引起，或由与有关的人或机构的某种特殊关系引起。在这两种情况下，义务的存在都取决于主体与他人的关系，尽管这种关系并不一定是自愿的。（虽然小孩不能自由选择他们的父母或监护人，家长的照料会产生某种将来互相关心的义务。）

第二种类型是从每一个人都有的普遍权利引出的对行为的约束，或者是指做某些事的权利，或者是指不被以某些方式对待的权利。享有某些自由的权利，即不受侵犯或压制的权利，并不取决于其他人所负有的不予干扰、侵犯和压制的特殊义务。相反，它们是完全普遍的，并且限制着其他人有可能对权利拥有者做出的事，不管那些其他人会是什么人。因而一个医生既对他的病人负有特殊义务，又承担着以某些方式对待任何人的普遍责任。

第三种类型在技术上称为效用。这里考虑的是某人所做的事对每一个人的福利造成的影响——不管那种福利的成分是与某些特殊义务有关还是与某些普遍的权利有关。效用包括对所有人（即所有有感觉的人）的一切有利或有害的方面，而不是只涉及行为者对他们有特殊关系或承担特殊义务的人。医学研究和教育的普遍利益显然属于这一类。

第四种类型具有完美主义的目标或价值观。我所指的是某些成就或创造的内在价值，而不仅是它们对经历或利用它们的个体所具有的价值。科学发现、艺术创造、宇宙空间探索的内在价值提供了实例。这些追求当然符合直接从事这些活动的人的利益，也符合某些旁观者的利益。但是通常追求这些目标的合理性并不仅仅由这些利益而得到证明。人们认为它们有内在的价值，因此重要的是取得根本性的进展，如在数学或天文学中，哪怕很少有人能理解它们，哪怕它们没有实际的效果。许多人认为，仅仅为了人类能达到这种理解，就值得做出重大牺牲。至于什么东西具有这种价值，看法自然不一。并非所有人都会同意，登上月球或火星具有的内在价值能够为它现在所花的代价辩护，或者，演奏费解难懂的管弦乐作品，除了对欣赏它们的人具有价值之外还有任何其他价值。但是，如果不考虑这种完美主义的价值观，人们所做的许多事就不能得到辩护或理解。

最后一种类型是执着于某人自己的计划或事业，除了一开始导致他做这些事的无论什么理由之外，这种执着也是一种价值。如果你决定攀登埃佛勒斯峰①，或翻译亚里士多德的《形而上学》，或掌握巴赫的《平均律钢琴曲集》，或合成一种氨基酸，计划一旦开始，以后的进一步实行就具有极其重要的意义。②在某种程度上，这是为了证明以前投入的时间和精力是合理的，不能让它白白浪费。在某种程度上，这是为了做一个有始有终的人。但是不管是什么原因，我们的计划一旦开始，就会自动对我们提出要求，它们不必事先拟定这些要求。某个决定掌握《平均律钢琴曲集》的人可以说，"我不能去看电影，我必须练习"；但是，如果他说他必须掌握《平均律钢琴曲集》，就会令人感到奇怪。

不应把这种执着与利己主义混淆起来，因为利己主义的目标是某人所有利益和欲望（或者至少是他不希望消除的那

---

① 中国称珠穆朗玛峰。——译者
② 参见吉尔伯特·哈曼：《实践推理》，载《形而上学评论》，第29卷（1976年），第432—463页。

些欲望）的长期的整体实现。特定的执着在其实行过程中可能会妨碍如此定义的利己主义。它们的开始进行未必是出于利己主义的理由，它们的实行当然也不必受利己主义的控制。

义务、权利、效用、完美主义的目标以及个人的执着——这些价值观不断影响着我们的决定，而它们之间以及它们内部的冲突，在医学研究、政治、个人生活中，或者行动范围不受人为限制的任何地方，都会出现。在它们中间排一个优先顺序意味着什么？比较简单的道德概念可以按照一份明确的禁止和命令的简短清单给出答案，让个人根据其偏好或判断去权衡决定，但是那种方法对于如此混杂的聚集物不起作用。人们可以试着给它们排一个顺序。例如：绝不侵犯普遍权利，并只承担那些不会导致侵犯任何人权利的特殊义务；在不受权利和义务约束的行动范围里使效用达到最大化；在各种不同的政策都能达到同样效用的情况下，参考完美主义的目标做出决策；最后，如果还有未解决的问题，根据个人的执着甚至只是个人的偏好做出决定。这样一种决策方法是荒谬的，不是因为所选择的特定顺序，而是因为它的绝对性。我所给出的顺序并不是任意的，因为它反映了这些价值类型的相对严密程度。但是认为义务绝不可能超过权利，或者效用无论多大都不可能超过义务，则是荒谬的。

然而，要是我们认真看待"超过"这个概念，并试图想出另外一种在冲突情况下合理决策的方法，我们要寻找的似乎是一种单一的量度，使所有这些明显不一致的考虑都可以用它来度量、相加和权衡。功利主义是这种理论的一个最好的实例，而且人们作了有趣的尝试，用功利主义的词语来解释权利和义务明显优先于效用。对完美主义的目标和个人的执着也可以作同样尝试。我认为这样的解释是不成功的，或至多只有部分成功，原因并不只是它们暗含着我直觉地认为不可接受的特定道德结论（因为人们总是以为对该理论作新的改进就能消除它的许多困难）。相反，我的怀疑出于理论的根据：我不相信价值的来源是单一的，只是在应用于世界时显示出表面上的多样性。我认为价值具有根本不同的来源，它们反映在价值观分为不同的类别上。并非所有价值都体现在各种环境下对某一种善的追求。

例如思考一下完美主义价值观与功利主义价值观之间的悬殊差别。它们在形式上是不同的，因为后者考虑利益受到影响者的人数，前者则不考虑。完美主义的价值观只与成就的水平有关，既不关心成就的普及，也不关心有多少人满意。在权利或义务与任何目标之间也存在形式的差别，不管是完美主义的还是功利主义的目标，它们都是根据行为的结果、根据作为结果的情况来界定的。以个体义务为代表的要求，从个体间的关系开始，虽然以令人满意的方式保持那些关系必定是功利主义的事态良好概念的一部分，却不是义务论要求背后的基本动机。人们信守诺言或照料孩子也许是件好事，但是某人必须信守自己的诺言的理由，完全不同于他希望与他无关的人信守诺言的理由，后者只是由于客观地考虑守信是件好事。某人感到他必须信守诺言或照料孩子，则不是因为客观地考虑那是一件好事。当然我们做的一些事是出于这样的理由，但是义务背后的动机里必定有一种更为个人的观点。推动你的是你自己与其他人或机构或社会的关系，而不是对最好的总结果的不带感情的关心。

这种理由可以说是以行为者为中心的或主观的（不过这里"主观的"一词不应当被误解，它并不意味着义务的一般原则是人与人各不相同的主观偏好的问题）。每一场合的理由主要适合于有关的个体，那是他想要履行他的义务的理由，虽然客观地考虑，他这么做也是一件好事。

就其要求而言，普遍的权利较少个人色彩，因为，例如不受干涉或侵犯的权利，并非来自权利拥有者与任何特定个人的关系：每一个人都必须尊重它。但是，它们是以行为者为中心的，因为它们所提供的行为理由主要适用于那些个体，他们的行为有侵犯这种权利的危险。权利主要是为人们提供不对其他人做某些事、不以某些方式对待他人或干扰他人的理由。另外，人们的权利不受侵犯，客观上也是一件好事，这就为没有利害关系的各方关注 X 的权利不受 Y 的侵犯提供了理由。不过这是第二位的动机，不像人们不能直接侵犯任何人权利的理由那么有力。(正因为此,某些捍卫公民自由权的人反对警察和司法程序侵犯犯罪嫌疑人的权利是合乎情理的,哪怕那些警察的目的是为了防止罪犯更严重地侵犯受害者的权利。)就那个意义上说,从普遍权利引出的要求是以行为者为中心的,虽然程度赶不上从特殊义务引出的要求,但仍可肯定是以行为者为中心的,功利主义的或完美主义的目标则不是这样。后两者的要求是客观的,或以结果为中心的;它们与发生的事有关,而不是首先与人们所作所为有关。重要的是人们所作所为对所发生的事或所达到的结果所起的促成作用。

个人的与非个人的、以行为者为中心的与以结果为中心的、主观的与客观的理由之间的这一重大区别如此基本,它使伦理学的任何简单化的统一都成为不可信,更不必说一般的实践推理了。这些类型的理由之间的形式差别,与它们的来源上的深层差别相对应。当我们脱离个人的处境及与其他人的特殊关系时,便意识到非个人化理由的力量。功利主义的考虑便是如此产生的,那时我们脱离自己的立场,采取了一种把所有人的观点都包括在内的普遍观点。自然,结果并不总是清晰的。但是这样一个观点显然完全不同于在他考虑他对家庭、朋友或同事的特殊义务时出现的观点。那时他对他在世界上的特殊处境想得很多。这两种动机来自两种不同的观点,两者都重要,但是根本不能归结于一个共同的基础。

有关执着于人们自己的计划、更加以行为者为中心的动机，我还未提到。既然那动机涉及人们自己的生活而不一定与他人有关，同样的观点显然是适用的。它是那些不能为效用、完美主义、权利或义务（除非把它们说成是对自己的义务）所吸收的理由的来源。

我的总观点是，不同类型的理由之间形式上的差别反映了它们来源上的根本性差别，并由此排除了解决这些类型之间的冲突的某种办法。人类要接受道德的和由其他动机引起的完全不同性质的要求。这是因为人类是复杂的生物，能从许多视角——个体的、相关的、客观的、理想的视角等——出发看待这个世界，而且每个视角都提出一系列不同的要求。冲突可能存在于其中某一系列的要求之内，它可能是很难解决的。当冲突出现于不同系列的要求之间时，问题就更难解决了。个人的要求与非个人的要求之间的冲突无所不在。依我的看法，把其中的一种观点纳入另一种观点，或者把两者都纳入第三种观点，并不能解决冲突。我们又不能干脆放弃其中的任何一种，我们没有理由这么做。同时从某人与他人的关系的观点出发，从某人的生命在时间中延续的观点出发，从每一个人的观点出发，最后，从通常被称为永恒角度的这一不偏不倚的观点出发来看待世界，这种能力正是人类的标志之一。这种复杂的能力是简单化的一个障碍。

那么，这是否意味着基本的实践冲突没有解决的办法？没有一种单一的、简化的方法，没有一个明确的优先顺序来安排它们，并没有消除在这种情况下做出决定的必要性。面对冲突的、无法比较的要求，我们仍然必须做某些事，哪怕只是没有结果的事。事实上行为必定是单一的，这似乎意味着认为正当的理由也必定是单一的，否则就没有一件事可能是正确的或错误的，而冲突下的所有决定也就都是任意的。

我相信这是错误的，但是其他的选择也很难解释。简单说，我认为没有完全的辩护也可能有好的判断，无论是明确的，还是隐含的。假定对冲突的理由做了非常仔细的权衡之后，人们无法说出为什么某个决定是正确的，这个事实并不意味着正确性要求是毫无意义的。假定某人在面临冲突的过程中已尽可能地做了实际的辩护，那么在没有理由进一步辩护但也并无不合理性的情况下，他可以继续前进。使这成为可能的是判断——实质上这种能力就是亚里士多德所说的实践智慧，它随时间的推移表现在个体的决定中，而不是在对普遍原则的阐述中。它并不总能产生解决办法：有一些真正的实践困境是无法解决的，还有一些复杂的冲突是判断未必能起作用的。但是在许多情况下，可以依靠它来弥补明确的合理论证界限之外的环节。

自从亚里士多德表达这一观点以来，人们有时候把它看作一种失败主义，是空洞无物的。为了做出答复，我想说明两点。第一，这个论点并不是说，我们应当放弃在实际决策范围里探寻更多更好的理由和更有批判性的见解。恰恰是我们解决实际事例中的冲突的那种能力，可能超过我们阐述解释那些解决办法的普遍原则的能力。也许我们正无意识地运用着普遍原则，并可能通过整理我们的决定和特殊直觉而发现它们。不过判断的运用或发展并不一定如此。第二，如果成体系的理论把自己限制在问题的某一方面（合理动机的某一成分），而不试图包罗万象，那么，探求伦理学中的普遍原则，或实践推理的其他方面，就更可能获得成功。

寻找一个关于如何决定该做什么事的独一无二的普遍理论，犹如寻找一个如何决定该信仰什么的独一无二的理论。在对信念的系统辩护和批评方面，我们已经取得的进展并非主要来自普遍的推理原则，而是来自划分为不同的科学学科、历史和数学的特殊领域的认识。这些学科的精确性各有不同，而信念的广大领域被排除在任何理论的范围之外。这些领域必须由常识和前科学的一般推理来支配。当各种更为系统的方法所产生的结果都对眼前的事有影响，但又没有一个能做出结论时，也必须采用这样的推理。例如，在土木工程问题上，解决方案既取决于能够精确计算的物理因素，也取决于不能精确计算的行为的或心理的因素。显然，人们在处理某个问题时应当对其适用的方面运用精确的原则和方法，但是有时还有其他的方面，人们必须抵制诱惑，既不要忽视它们，也不要用并不恰当的精确方法对待它们。

在面对信念问题时，我们熟悉这种认识和方法的不完整性，而在决定问题上，我们往往会抵制这种不完整性。不过，由于我们对应当做什么找不到一种完全普遍的说明，就对系统的伦理学绝望，这是不合理的，犹如因为没有达到正确信念的普遍方法，就放弃科学研究一样。我并不是说伦理学是一门科学，而只是说，伦理学理论与实际决定之间的关系，类似于科学理论与有关世界上的特定事情或事件的信念之间的关系。

在这两个领域里，有些问题比其他的问题更纯粹，就是说，它们的解决更彻底地由允许精确理解的因素所决定。有时候，某一实际决定中的唯一重要因素是个人的义务，或总的效用，那么某人的推理就可以限制在那个因素上（无论对它的理解有多精确）。有时候，某一决定过程被人为地隔离，以免受到一种以上因素的影响。这并非总是一件好事，但有时候是好事。我所想到的例子是司法过程，它仔细排除或努力排除效用的考虑和个人的介入，而只局限于权利的要求。由于对这种要求的系统化的承认极为重要（而且要长期注意不与其他价值观发生无法接受的冲突），为了特殊处理而孤立这些因素是值得的。结果，法律论证成了对实践理性某一特殊方面的认识取得真正进展的一个领域。如果我们接受一种不完整的研究方法，系统化的理论以及对普遍原则和方法的探求，也许在其他地方也会成功。例如，功利主义理论可以做出许多贡献，如果不要求它说明一切的话。在决策时，尤其是决定公共政策时，效用是一个极其重要的因素，而且，对效用的哲学界定，为了提高效用在设计体制时出现的协调问题，效用与优先权、平等、效率的联系，都对这样的决策有某种影响。

这一领域和其他领域都可能成为进步的场所，虽然它们都不追求达到一种普遍完整的关于对与错的理论的地位。在我看来，绝不可能有这样的理论，因为在解决冲突和把根本不同的要求与考虑运用到现实生活中去的时候，判断的作用是必不可少的。如果把非包罗万象的系统化这个观念记在心里，可以避免两种危险。一种危险是不切实际的失败主义，由于合理性理论必然会留下许多无法解决的问题就放弃它。另一种危险是排斥性的过分理性化，普遍系统只容纳明确可辩护的结论，所有不能纳入这个范围的考虑，都被看作不相干的或空洞的东西而予以排除。由于只重视可度量的或者可精确描述的因素，其他因素即使事实上很重要也不予考虑，结果产生歪曲的结论。还有一个选择是，承认决定的合理根据是极其多样的，只是对它们的理解程度不同。这种承认既有理论的意义，也有实践的意义。

在理论方面，我曾说过，伦理学和价值理论的特殊领域里的进步无须等待发现一种普遍的基础（即使存在这样一种东西）。许多哲学家都承认这一点，最近罗尔斯更是竭力主张。他不仅认为，寻求有实质意义的道德理论，例如正义理论，可以不管有关伦理学基础的观点而独立地进行，而且还认为，直到有实质意义的理论有了进一步的发展为止，寻找伦理学基础可能还是为时过早。[①]

这个观点看上去太强硬，不过对于任何领域来说，要取得进步确实并不需要先在最基本的层面上取得进步。在人们开始认识化学的原子物理学基础之前，化学在 20 世纪经历了巨大的发展。在人们对遗传的分子基础有任何认识之前，孟德尔遗传学早就发展起来了。眼下，心理学取得的进展在很大程度上与认为它的基础在于大脑作用的想法无关。也许所有的心理现象归根结底都可以用中枢神经系统理论来解释，但是我们现在有关该系统的认识过于贫乏，甚至找不到一条填补空白的途径。

伦理学中相应的理论分界不必如此极端。我们不妨在探究上层结构的同时继续研究它的基础，这两种研究应当相互促进。我本人并不认为所有的价值都建立在一个单一的基础之上，或可以组成一个统一的系统，因为不同类型的价值观体现了不同观点的发展和结合，它们全都合在一起产生决

[①] 约翰·罗尔斯：《正义论》（马萨诸塞州，剑桥：哈佛大学出版社，1971年），第 51—60 页。另参见《道德理论的独立性》，载《美国哲学家学会会议录暨演讲录》（1974—1975 年），第 5—22 页。

定。伦理学不像物理学，物理学代表一种观点，它所理解的宇宙时空特性是用数学语言描述的。即使在这里，在寻找一种包罗所有物理现象的统一理论很有道理的地方，仍然可能在没有这样一个理论的情况下认识物质世界大量更具体的方面：引力、力学、电磁场、辐射、核力量等。

不过伦理学更像总体的理解或知识，而不像物理学。正如我们对世界的理解包括各种观点——其中物理学的严密观点是得到最长足的发展、也是最重要的一种观点——同样，价值观也来自许多观点，其中有些观点比其他的一些更为个人化，它们不能被归结为一种共同标准，就像历史学、心理学、语文学和经济学不能被归结为物理学一样。正如我们可能有的理解类型总是独特的，虽然它们必须在我们心中共存并合作，同样，推动我们的价值类型是根本不同的，虽然它们在决定我们做什么的时候必须尽可能好地合作。

至于实践的意义，在我看来，理论上在价值领域中预期的努力和结论的不完整性，关系到用怎样的策略把这些结论运用到实际的决定，尤其是公共政策问题的决定中去。缺乏一种普遍的价值理论，不应成为运用那些确实存在的认识领域的障碍；而且我们所知道的东西多于受到普遍重视的东西。缺乏一种普遍的理论非常容易导致一种错误的二分法：或者完全回到任何一个需要做决定的人的非系统的直觉判断，或者编造一个像成本效益分析那样统一然而人为的系统，①不管交给它什么问题，它都会做出决定。（这样的系统可以是有用的，如果它们的要求和作用范围不是太过分的话。）相反，我们需要的是一种混合的策略，把可以适用的、系统的结论与不太系统的、用以填补空白的判断结合起来。

然而，这样做需要发展一种决策方法，它将在相关的地方使用现有的伦理认识。研究应用伦理学的一些小组正在寻找这样一种方法，会有怎样的结果我们暂时还不知道。我想要指出的是，价值的不完整性为我们以一种特定方式看待这项任务提供了逻辑依据，并指明了需要做的事。

我们最需要的是一种分解的或分析的方法，剖析实际问题，看看怎样的评价原则适用，以及如何适用。这不是一种决定的方法。也许在特殊的情况下，它会产生一种决定，但是更通常的情况下，它只是表明在哪些地方需要引进不同的伦理学考虑，从而为负责的、聪明的决定奠定基础。在与其他学科相关的问题上，这种构成的方法是非常常见的。可以预料，重要的决策可能取决于经济因素、政治因素、生态因素、医疗安全、科学进步、技术优势、军事防卫以及其他有关事务。负责的公务人员可以获得有关所有这些问题的建议，如果有人以思考这些事情为职责的话。在有些情况下会

---

① 参见劳伦斯·特赖布：《政策学：分析还是意识形态？》，载《哲学与公共事务》，第 2 卷，第 1 期 (1972 年秋季号)，第 66—110 页。

涉及一些发展良好的学科。其从业人员对该学科的理解可能大相径庭，在许多问题上他们意见分歧。但是即使置身于这些（关于通货膨胀或核动力安全或重组 DNA 危险的）争论中，也比什么都听不到强。何况重要的是，在大多数严肃的学科里，对于什么问题有争议、什么问题无争议本身也存在分歧。任何要做重要决定的人，不管他是议会议员，还是内阁成员，或部门长官，都可以从专家那里获得对问题不同方面提出的建议，对于其中每一个方面，他们都比他思考的多得多，并且知道其他人关于这方面的意见。在把问题和这些专家聚集起来的时候，学科的划分以及对问题的哪些方面必须加以考虑的共识是非常有用的。

如果要做出一项负责的决策，对于哪些重要的伦理问题或评价问题必须予以考虑，我们需要有一种比较一致的看法。这同伦理学中的意见一致不是一回事。它只是说，任何问题都有某些方面是大多数研究伦理学或价值理论的人都认为应当考虑的，而且可以从专业上做这样的考虑，使得任何准备做决定的人都能面对当下现有的重要想法。有时候最好的想法也不是很好，或许还包括直接对立的观点；不过到处都有这种情况，并不只是伦理学里有。

由此也许会使人想到，最好的方法是模仿法律制度，建立一种在法庭面前辩护的程序，这个法庭的职责是对富有伦理意义的政策问题做出裁定。（最近提出建立一个科学法庭的建议表明了法律模式的吸引力：它的非民主性质具有巨大的思想感染力。）但是我想，实际的情况变化不定，不适合用那样的方法。价值影响政策的方面太多，与它结合在一起的其他种类的知识和意见也太多，不能以这种方式处理它们。虽然某些法律裁定非常困难，但是法庭要判决的是明确的、严格界定的问题，与这些问题相关的论证和理由是比较有限的。（想一想法官所起的作用：删掉记录的材料，拒绝接受某些作证资料和证词；这样的限制一般不适用于立法或行政的周密考虑。）大部分实际的争端要比这更加纷乱，它们的伦理方面更加复杂。人们需要这样一种方法，它能够确保：凡是存在相关认识的地方，它使我们得到这种认识；凡是问题的某个方面还没有人达到透彻认识的地方，它也能认识。

我没有想出这样一个方法，但是很显然，它必须予以考虑的因素当中应该包括：经济的、政治的以及个人的自由，平等，公平，私密，法律程序的公正，智力与审美能力的发展，社区，普遍效用，应得赏罚，避免武断，承认风险，后代的利益，对于其他国家的利益的重视。对于这些因素中的每一个因素，都有更多的话要说。这个方法要有用，必须更加有组织，不过，关于伦理学对决定政策的重要性这个总观点可能为许多伦理学家所赞同，包括相对主义者、功利主义者和康德主义者。有关伦理学基础的根本分歧，不妨碍对于有关现实生活中哪些因素重要的问题持基本一致的看法。我相信这种一致看法已经存在于伦理学家当中，如果它能在公众和制定政策的人们中赢得更广泛的承认，我们在这个领域中所拥有的广泛但不完整的认识就能比现在发挥更好的作用。那时，简单地忽视某些问题就不那么容易了，而且，即使提出的伦理学考虑被漠视或拒绝，这种拒绝的理由或缺乏理由也都会成为所做决定的部分根据。即使能够说明一种表面情况，也是有一点影响力的。

关于道德理论的作用的这一概念，也含蓄地回答了一个问题：它与政治以及其他决策方法的关系。伦理学不是作为一种决策的程序被推荐，而是作为决策的一个必要的资源，正如物理学、经济学和人口统计学一样。最高法院在作有关宪法的根本决定时，伦理学的一个分支优先于通常的政治和行政决策方法，在某个程序中发挥了重要作用。但是对于大部分需要决定的问题，伦理学的考虑是多种多样的、复杂的、往往模糊不清的，并与许多其他的考虑混杂在一起。需要对它们进行系统的考虑，不过，在大多数情况下，一个合理的决定，只能在尽可能了解任何相关学科必须提供的最佳论证的前提下，通过健全的判断来做出。

第十章　伦理学不需要生物学

生物学方法对于伦理学是否有用，取决于伦理学是什么。如果它只是某种伴随着某些情绪反应的行为模式或习惯，那么，可以指望生物学就此给我们大量的指导。但是，如果它是一种可用理性的方法来进行、具有内在的理由和批评的标准的理论探究，那么，试图借助生物学从外部来理解它就没有多少价值了。同样，就此而论，为数学理论或物理学理论甚至生物学理论寻找一种生物学的解释，也会是相当无益的。首先，我们对人类思维并没有一种普遍的生物学的理解。第二，它不是一套固定的行为习惯和智力习惯，而是一个通过不断重新考察迄今为止的全部成果而向前发展的过程。一个忙于这样一种无止境的发现过程的人，不可能同时从外部完全地理解它，否则他所有的就会是一种决定程序，而不是一种批评方法。在大部分有趣的学科中，我们都不需要一种决定程序，因为我们需求得一种更深层的理解，超过由我们现在的问题及其解答方法所代表的认识水平。

就我所知，从未有人提出过一种生物学的数学理论，然而，对伦理学做生物学研究却引起大量的兴趣。这是有原因的。伦理学存在于行为和理论两个层次上。它作为某种行为模式或对行为的判断模式，以某种方式出现在每一种文化和亚文化中，要比哲学家、政治理论家、法学家、空想的无政府主义者、福音派改革家对它的理论阐述更加引人注目。不仅伦理学理论和伦理学发现的努力在社会上不如普通的道德观更引人注目，而且伦理学在行为和理论两个层次上的分歧的数量，也使人怀疑它究竟是不是一个理性发现的领域。也许关于它并不存在什么可用理性方法去发现的东西，它只能被理解为人类生活的一种社会和心理的特性。那样的话，生物学将可提供一种坚实的基础，虽然心理学和社会学也会是重要的。

在本文中，我想说明伦理学作为一门理论学科这一事实。它的进步是缓慢而不确定的，但是它无论对自身而言、还是对伦理学所采取的非理论形式而言，都是重要的，因为这两个层面是相互影响的。任何时期的伦理学常识都包含着在前一个时代可能是重大发现的观念。现代的自由、平等、民主概念就是如此，而我们现在所进行的伦理学争论，很可能导致一种现代的人会觉得非常陌生、两百年后却广为传播的道德感情。虽然进步的速度要缓慢得多，这些发展的形式却与革命性的科学发现被逐渐吸收到人类共同的世界观中相似。

而且，像在科学中一样，到了某一进展被广泛吸收的时候，它就被下一个进展所超越，以后的发展就把现在得到公认的理解作为扩充和修正的基础。在伦理学中，这两个层面的相互作用是双向的，它们之间的界线并不是很分明的。尖锐的社会政策问题引起人们普遍关注，试图对伦理学的基本原则加以理论化。

在所有这些领域中，都可以发现一种共同的进步概念，但是它们对它都没有很好的理解。它假定，作为一个物种，我们是以某些可能具有生物学来源的原始直觉和反应开始的。但是此外我们还有一种批判的能力，它使我们能从很久以前就开始对这些前反思的反应进行评估、分类、扩充，在有些情况下是拒斥。我们研制出测量仪器，取代了用手摸、目测估算尺寸和重量的做法。我们发展了数学推理，取代了对数量的猜测。我们并不固守一种直接从感官产生的物理世界的概念，而是不断地提出问题并寻找解决问题的办法，对物理实在的描绘越来越远离表面现象。如果作为一个物种，我们对于数和世界没有某种前反思的、直觉的信念，就不可能做到这些事。超出这种信念而取得进步，既要靠具有创造性的个体的努力，也要靠公众的批评、辩护、接受和拒斥。激励人们前进的观念是：始终有更多的东西可被发现，我们现在的直觉或理解，即使在它们的时代值得赞扬，也只是无限发展过程中的一步而已。

在把这一观念运用于伦理学时，我们必须考虑到一个重要的差别，即伦理学意味着对行为而不只是对信念的控制。在试图解决伦理学问题时，我们是在试图弄明白应该如何生活以及如何安排我们的社会体制，而并不只是试图得出对世界以及其中的人的更精确的描绘。因此伦理学是与动机相关联的。它并非始于有关世界何等模样的前反思观念，而是始于有关该做什么、如何生活以及如何对待其他人的前反思观念。它的进步靠的是让这些冲动经受检验、整理、质疑、批评等。如在其他领域一样，这在一定程度上是一个个体的过程，在一定程度上又是一个社会的过程。以往时代的进步被作为部分包括在后来时代的成员的社会化中，后者可能又取得新的进展。

这样的发展不只是智力的发展，也是动机的发展，而且它不能像某些科学技术的学科那样只由少数专家来追求。因为问题关系到人们应当如何生活、社会应当如何组织，而答案必须为许多人接受并内在化才能生效，哪怕只是作为一个持续过程中的几个步骤。虽然它们不必在每一个人那里都同样地内在化，这一要求使伦理学成为一门比任何科学都民主的学科，并严重限制了它的进步速度。除了司法体系之类的特殊体制之外，争论的范围并不局限于少数专家。

此外，把伦理学看作一个合理发展的学科这一观点的前提在于，动机像信念一样，是可以批评、辩护和提高的，换言之，存在实践理性这么一个东西。这就意味着，我们不仅可以像休谟以为的那样，推断最有效地达到我们所想要的目标的方法，而且可以推断我们应当想要的目标，既为我们自己考虑，也为别人考虑。

最重要的是，这样一种研究，这样一种推理，是伦理学所固有的。它的进展并不是靠把其他学科所发展的方法运用到这个学科来，也不是把一种解决难题和回答问题的普遍方法运用到伦理学中来。虽然存在某些极普遍的合理性条件，但在任何特殊的研究领域，它们都不会带给你多少成果。不管是分子生物学、代数还是分配的正义，人们都必须通过思考那个领域，让理性和直觉对它的特殊性质做出反应，从而阐明问题、概念、论点和原则。屡见不鲜的情况是，人们把某一学科的方法看作一种思想准则或客观合理性的模式，然后运用到一个完全不同的学科，这些方法不是为它而发展的，也是不适用于它的。结果就产生了浅薄的问题、不具说明性的理论，还把重要的问题说成是没有意义的。那些本身缺乏一种完善方法的领域，如社会科学、心理学和伦理学，特别容易被这样的思想取代。

关键之处在于伦理学是一门学科。它所运用的方法正在随着它内部产生的问题而不断地发展着。很显然，从事这一活动的人是有机体，关于他们我们可以从生物学学到大量东西。此外，他们履行那些反应和批评任务的能力大概也是他们的机体组织的某种功能。但是寻找对伦理学的生物进化论的解释，如同为物理学发展寻找这样的解释一样愚蠢。物理学的发展是一个思想的过程。能使如此迅速的过程发生的人的思想能力，大概在某一方面是经历了漫长时期的生物进化过程的一个结果，也许只是一个意外的结果。但是生物进化过程为物理学提供的解释只能是浅薄琐碎的。人类在他自身发现的是一种让他们的前反思的或天生的反应经受批评和修正并创造新的理解方式的能力。正是那种理性能力的行使，说明了理论的意义。

伦理学虽然更为原始一些，也是同样道理。它是人类让天生的或条件反射的前反思动机和行为模式经受批评修正并且创造新的行为方式的能力的结果。这样做的能力大概有某种生物学基础，即使它只是其他发展的意外结果。但是行使这种能力的历史以及不断地反复运用它来批评和修正它自己的结论，并不属于生物学。生物学可以告诉我们知觉和动机的起始点，但是就它现在的状况而言，它与超越这些起点的思考过程并没有关系。

道德要取得某些进步，可能会遇到生物学的障碍。毫无疑问，存在心理学的和社会的障碍，其中有些可能具有生物学的原因。但这并不使它们成为不可逾越的。任何非空想的道德理论都必须承认和对付它们。不过这种承认并不等于接受伦理学有一个生物学基础。它只不过是确认,道德观和文化发展的任何其他过程一样,必须考虑到它的出发点,考虑到它力图去改变的东西的性质。

第十一章　大脑的对切与意识的统一

一

近来，哲学家和神经系统科学家对于在心理的神经生理基础方面作出重大发现的前景相当乐观。这种乐观的根据极为抽象和一般。我想为悲观的论点提供某些理由。那种自我理解可能遇到人们未曾普遍预见到的限制：个人的、心灵主义的人的概念，可能会抵制把人作为物理系统来理解的观点，不愿意与它共存，因为那样必定会使任何可描述的东西都成为对心理的物理基础的理解。我不准备考虑万一遇到这样的限制我们还有什么其他选择的问题。我将努力提出相信这些限制可能存在的理由——理由来自现有的关于大脑皮层两半之间的相互作用，以及当联系断开时将会发生什么情况的详尽资料。心灵主义的人的概念难以同这些资料协调，这种概念所具有的特征，不是一种琐碎的或无关紧要的、可以随便抛弃的特征。它是关于一个单个的人、关于一个经验和行为的单个主体的概念，那是个困难重重的概念。我还看不到任何克服这些困难的方法。相反，这可能只是我们寻求对心理的生理学理解时将会出现的许多死胡同中的第一个。

在许多领域中，寻找物理学基础或对现象世界的认识，是进行探究的很有用的第一个步骤，就心理现象而言，那些希望通过某种同一性理论、机能主义理论或其他什么理论把心理经验还原为大脑的人们，也提倡这种方法。当人们试图对外部世界的现象特征做物理学还原时，有时会大获成功，并可推向越来越深入的层次。相反，如果它们未获全胜，物理还原仍未能解释现象的某些特征，我们不妨把那些特征作为纯粹现象而撇在一边，推迟到我们关于心理和知觉的物理基础的知识有了足够的进展、能够对它们提供解释为止。（月亮大小错觉就是一例，在被知觉对象上没有可发现的基础的其他错觉也可为例。）

然而，如果我们在探索心理现象本身的物理基础时遇到同样的困难，就不能采取同样的后退方式。也就是说，如果心理的某种现象特征未能由物理理论得到说明，我们就无法把对它的理解推迟到我们研究心理本身的时候——因为那正是我们现在该做的事。对心理基础的理解超出对它某些方面的物理认识的研究范围，延迟到对心理基础的理解，无异于承认心理的东西不能还原为物理的东西。明确地承认这种不可还原性会成为某种二元论。但是如果不愿采取这样的路线，那么，对于心灵主义的人的概念的主要特征就不知道该怎么办，因为它们拒绝被同化为把人看作物理系统的认识。对于某些这样的特征，我们可能既无法为它们找到一个客观的基础，又无法放弃它们。我们也许无法放弃构成并代表我们自己的某些方式，不管它们从科学研究获得的根据多么少。我猜想，人的统一性概念也是如此：借助于最近发现的大脑皮层功能的双重性，可以对这个概念的正确性提出质疑。在此扼要地描述一下那些成果也许是有用的。

二

人们曾经试验切断人脑、猴脑、猫脑两半球之间的高级连接，其结果引得一些研究者开始谈论关于一个身体中产生两个独立的意识中心的问题。事实如下。[①] 总的说来，大脑左半球与身体的右侧有联系，而右半球与身体左侧有联系。

_____

① 关于脑分裂的文献数量相当可观。最近一份出色的考察是 M.S.加扎尼加的《对切的大脑》(纽约：阿普尔顿-森特利-克罗夫茨出版社，1970 年)。不过，它的 9 页参考书目并不准备囊括有关这个主题的全部文献。加扎尼加还写了一篇简短而通俗的说明性文章：《人脑的分裂》，载《科学美国人》，第 217 卷 (1967 年)，第 24—29 页。从哲学角度考虑最好的全面论述，可以参见这方面领先的研究者 R.W.斯佩里的几篇文章：《重要的大脑连合》，《科学美国人》，第 210 卷 (1964 年)，第 42 页；《大脑对切与意识的机理》，载 J.C.埃克尔斯编：《大脑与意识经验》(柏林：施普林格出版社，1966 年)；《手术切断大脑半球连接后的心理统一性》，《哈维讲座》，第 62 辑 (纽约：学术出版社，1968 年)，第 293—323 页；《切除半球连接与意识觉知的统一性》，《美国心理学家》，第 23 卷 (1968 年)，第 723—733 页。在 G.埃特林格所编的《胼胝体的机能：西巴基础研究第 20 组》(伦敦：J.丘吉尔与 A.丘吉尔出版社，1965 年) 中可以发现几篇有趣的文章。

身体一侧接受的触觉刺激被传递到对侧的大脑半球——头部和颈部例外，它们与两侧都有联系。另外，每个视网膜的左边一半，浏览视野的右边一半并把刺激送到左半球，而来自左边一半视野的刺激则被每个视网膜的右边一半传递给右半球。来自每个耳朵的听觉刺激在一定程度上被传递到两个半球。相反，嗅觉是同侧传递的：左鼻孔传给左半球，右鼻孔传给右半球。最后，左半球通常控制言语的产生。

两个半球通过一个共同的脑干而与脊柱和周围神经相连，不过它们彼此之间还通过一个叫作胼胝体的大型神经纤维横带以及一些较小的通道而直接交流。这些直接的大脑连合在正常人大脑两半球之间机能的通常整合中发挥了必不可少的作用。在这个问题上，令人吃惊的一个状况是，直到20世纪50年代后期，至少在英语国家，还没有人知道这个事实，尽管十年前为了治疗癫痫，已经对一些病人施行了切除大脑连合的手术。在那些病人身上看不到行为和心理方面的重大后果，有人猜测胼胝体没有任何作用，或许只是不让两个半球下垂。

于是 R.E.迈尔斯（R.E.Myers）和 R.W.斯佩里（R.W.Sperry）提出了一种分别处理两个半球的方法。[1]他

---

① R.E.迈尔斯和 R.W.斯佩里：《切除视交叉和胼胝体后猫的两眼间视觉形式辨别力的传递》，《解剖学记录》，第 115 卷（1953 年），第 351—352 页；R.E.迈尔斯：《切除交叉后视神经纤维后猫的两眼间模式鉴别的传递》，《比较心理学与生理心理学杂志》，第 48 卷（1955 年），第 470—473 页。

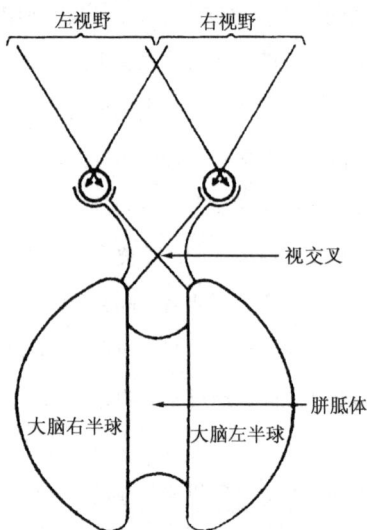

两眼与大脑皮层的非常简略的俯视图

们切除猫的视交叉，使得每只眼睛只能把直接的信息（相反的一半视野的信息）送到大脑的一侧。于是就有可能训练猫在一些简单的任务中只使用一只眼，然后观察使它们用另一只眼的时候会是什么情况。在那些胼胝体没有被触动的猫身上，学习的传递非常顺当。但是在有些猫身上，视交叉和胼胝体都被切断了；在这些猫身上，没有任何信息能从一侧传递到另一侧。事实上可以同时教给切开的两侧相互冲突的辨别力，即在一个强化过程中给两只眼睛以对立的刺激。不过这种独立作用的能力不会导致严重的行为缺陷。除非给两个半球输入的信息是人为地隔开的，否则受试动物看上去便是正常的（虽然如果让一只脑分裂的猴子用两手抓住一颗花生，结果有时是一场拼命的争夺）。

　　我不想总结所有的资料，而只想集中讨论人的情况，重新考虑由猫和猴子的实验结果所引出的观点。[①]在为癫痫病人施行大脑切开术时，没有触动视交叉，因此人们无法只通过两眼而让刺激分别到达两个半球。解决控制视觉输入问题的办法是，让信号在屏幕上闪现，闪现的位置在病人目光凝视的中点的某一侧，闪现的时间要长到能被知觉，但又不能长到让眼睛运动从而把信号带到相对的一半视野又因而传到大脑相对的一侧。这就是通常所说的速示刺激。通过双手的触觉输入，在大多数情况下是非常有效地隔开的，通过两个鼻孔的嗅觉输入也是如此。甚至分开进行听觉的输入近来也取得了某些成功，因为每只耳朵给对侧半球的信号似乎要比给同侧半球的信号强得多。至于输出，言语提供了最清楚的

----

① 有关这些结果最早发表的文章是 M.S.加扎尼加、J.E.博根和 R.W.斯佩里的《切除人脑连合的某些机能效应》，《全国科学院学报》，第 48 卷（1962年），第 2 编，第 1765—1769 页。有趣的是，同年有人发表文章，按同样的思路提出对人脑损伤情况的解释，是根据以前的动物实验提出的。参见 N.格施温德和 E.卡普兰：《人脑切开综合征》，《神经病学》，第 12 卷（1962年），第 675 页。同样有趣的是，格施温德关于这个领域的长达两编的概述，开始明确提出某些哲学问题：《动物与人的脑切开综合征》，《大脑》，第 88 卷（1965年），第 247—294 页，第 585—644 页。它的某些部分和其他材料一起重印于《波士顿科学哲学研究》，第 4 卷（1969年）。还可见他的论文：《语言的组织与大脑》，《科学》，第 170 卷（1970年），第 940 页。

区别，它完全是左半球的产品。[①]书写是不太清楚的例子，有时候它能以初步的形式由右半球产生，用的是左手。一般情况下，运动控制是对侧的，即由对侧半球控制的，但有时候会出现一定量的同侧控制，特别是就左半球而言。

结果如下。对着视野的右半边闪现的东西，或让右手摸到但看不见的东西，可以用言辞报告出来。对着视野的左半边闪现的东西，或让左手摸到的东西，则无法报告出来，虽然如果"帽子"这个词闪现在左边，如果让受实验者从一堆掩盖着的东西中挑出他所看到的东西，左手就会取回帽子。但与此同时，他会坚持说他什么也没看见。或者，如果两个不同的词对着两个半边视野闪现（比如说，"铅笔"和"牙刷"）并且告诉受实验者用两只手从屏幕下面取出相应的东西，于是两只手各自独立地寻找，在左手寻找铅笔的时候，右手拿起铅笔又把它扔了，左手同样拒绝牙刷，而右手碰到牙刷则很满意。

如果把一件掩盖着的东西放在受实验者的左手里并叫他猜是什么东西，错误的回答会引起不满的皱眉，因为接收到触觉信息的大脑右半球也听到了这个回答。如果掌管说话的半球竟然猜对了，结果就是一个微笑。让右鼻孔闻某种气味

---

① 正如有关大脑机能的大部分概括一样，对此也存在个别的例外：惯用左手的人往往具有两侧对称的语言控制，这在童年初期是很常见的。不过，所有接受这些实验的人都是用右手的，而且表现出左边大脑的支配作用。

（刺激大脑右半球），他会用言辞否认那东西有任何气味，但如果要求用左手指出相应的东西，他会成功地拣出例如一瓣大蒜，却始终抗议说他绝对没闻到什么气味，怎么可能指出他所闻到的东西。如果那种气味像臭鸡蛋的气味那样难闻，他会一面否认，一面皱鼻噘嘴、发出厌恶的哼哼声。①

关于大脑半球之间的冲突，有一个特别贴切的例子。把一个烟管（pipe）放在病人的左手中，不让他看见，然后叫他用左手写出他所握的东西。左手艰难而用力地写了 P 和 I 两个字母。然后突然写得快起来，用力也轻了，I 改写成了 E，完成的词是 PENCIL（铅笔）。显然，大脑左半球根据出现的前两个字母作出猜测，并借同侧控制进行了干预。但是随后右半球又接管了对手的控制，重重地划掉 ENCIL 几个字母，画了一个烟管的草图。②

还有更多的资料。脑分裂的病人无法判断对着两个半边视野闪现或不让他看见而让他握在两手中的东西是一样的还是不一样的，哪怕叫他用点头或摇头（两个半球都能得到的反应）来做出回答。对于跨越两个半边视野闪现的线条，如果它在中间断开的话，受实验者无法区分它是连续的还是不

---

① H. W. 戈登和 R. W. 斯佩里：《手术分隔人脑半球后的嗅觉单侧化》，《神经心理学》，第 7 卷（1969 年），第 111—120 页。不过，有一个病人能在这样的条件下说他闻了某种难闻的气味，但是没能进一步描述它。

② 杰尔·利维的报道：《连合部切开术病人大脑半球的信息处理和高级心理机能》（未发表的博士论文，加利福尼亚理工学院，1969 年）。

连续的。如果两条线的结合点在中间，他也无法判断它们是否汇合成一个角。他还无法判断两个半边视野中的两个点是不是相同颜色，而如果这些要求进行比较的图像位于一个半边视野中，他全能判断。总的说，大脑右半球在空间关系测试中表现较好，但是几乎不会计算。然而，它似乎容易受情绪影响。例如，如果对着一个男病人的左半边视野闪现一个裸体女子的照片，他会无所顾忌地露齿而笑，或许会脸红，却说不出是什么让他高兴，虽然他可能会说："哇，你们的装置真不错。"

这一切都与看上去完全正常的普通活动状态联在一起，同没有对两个大脑半球实行人为的输入隔离时一样。大脑两侧同时入睡，同时醒来。病人能够弹钢琴，扣衬衣纽扣，游泳，很好地完成其他需要两侧合作的活动。而且，他们从未报告有视野分隔或缩小的感觉。对日常行为最显著的偏离是一个病人的左手似乎对他的妻子有敌意。但是总体上说，两个半球合作得极好，要让它们独立发挥作用需要精妙的实验技术。如果人们不仔细，它们会彼此发出外围刺激，通过听得见、看得见或其他方面感觉得到的信号来传递信息，弥补连合部的直接连接被切断的欠缺。(有一种交流形式特别难以防止，因为它非常直接：两个半球都能运动颈部和面部肌肉，而且都能感到它们的运动；因此左半球能够察觉右半球所造成的面部或头部的反应，有证据表明它们通过这个方法相互发送信号。)①

三

人们自然想要知道这些病人有多少个心灵。这立即使人产生一些问题：在什么意义上可以说一个普通人有一个心灵，又在什么条件下可以把不同的经验和活动归之于同一个心灵。当我们试图描述这些特别的病人时，为了理解我们所想要知道的他们有一个心灵还是两个心灵，必须了解说一个普通人有一个心灵是什么意思。

不过，我不准备从分析心灵的统一性开始，而是想把通常的、未经分析的概念直接用来解释这些资料，看看这些病人是有一个心灵还是两个心灵，或者有什么更加奇特的构造。我的结论将是，通常关于一个单个的、可数的心灵的概念，根本不能用在他们的身上，他们不具有这样的心灵，虽然他们当然也进行心理活动。在以下的论述过程中，对于一个个体的心灵的观念会有比较清楚的理解，但是，应用于脑分裂病例时所产生的那些困难，也为更普遍的怀疑提供了理

---

① 此外，根本隔离的条件也许是不可靠的：随着时间的推移，也许会通过脑干逐步形成一个新的半球间通道。这样说的根据，部分在于对脑连合部切开术病人的观察，更重要的则是胼胝体发育不全的病例。那些没有胼胝体而长大的人通过学习可以做到没有它也能行；在受测试时，他们的表现更接近于正常人，而不是近期做了手术的病人。(参见 L.J.索尔和 R.W.斯佩里：《连合部切开术的症状缺乏与胼胝体的发育不全》,《神经病学》, 第 18 卷, 1968年。) 这个事实非常重要，不过现在我将把它放在一边，集中讨论切断的直接结果。

由。这个概念可能也不适用于普通人，因为它体现了一个有关人类机能的过于简单的构想。

但是，我将先把有关个体的心灵的概念用于讨论这些病例，我想系统地考察一下它们何以可能会被理解成可数的心灵，并且论证不能这样来理解它们。在做了这个论证之后，我将回过来讨论你我这样的普通人。

对于实验资料，利用个体心灵的概念似乎有五种解释：

（1）病人有一个相当正常的与大脑左半球相连的心灵，来自非言语的右半球的反应是一种机械的反应，而不是由有意识的心理过程产生的。

（2）病人只有一个心灵，与左半球相连，但是也出现（与右半球相连的）孤立的有意识的心理现象，这些现象根本不会整合为一个心灵，虽然也许可以把它们归属于该有机体。

（3）病人有两个心灵，一个会说话，一个不会说话。

（4）他们有一个心灵，其内容来自两个半球，而且是非常独特、相互隔离的。

（5）在大部分时间他们有一个正常的心灵，那时两个半球平行地发挥作用，但是在实验的情况下会诱发出两个心灵，产生有趣的结果。（或许单个的心灵分裂成两个，在实验结束以后又重新合为一个。）

我将论证，这些解释中的每一个都因这样那样的理由而无法接受。

四

让我先讨论假说（1）和（2），它们的共同之处是拒绝把大脑右半球的活动归属于心灵；然后论述假说（3）、（4）和（5），它们全都把心灵与大脑右半球的活动相联系，虽然它们对心灵是什么的理解各不相同。

假说（1）完全拒绝把意识归之于右半球的活动，它的唯一根据是，事实上受实验者常常否认对那一半球的活动的觉知。但是以此作为证据说大脑右半球的活动是无意识的，恰恰是以本身尚待证明的原理作为论据，因为作证的能力是左半球所独有的能力，而左半球当然并不知道右半球里进行着怎样的活动。如果我们相反地考察右半球本身的表现形式，似乎原则上并没有理由认为言辞表达能力是意识的必要条件。即使没有言辞表达，也可能有其他的充足理由把有意识的心理状态归于右半球。而事实上，右半球本身所能做的事是非常精致、非常有针对性、心理上非常明白的，不能仅仅看作是无意识的机械反应的集合。

右半球不是非常智能化的，它不会说话；但是它能够对复杂的视觉和听觉的刺激包括语言作出反应，而且它能够控制要求予以密切注意的辨别性任务和操纵性任务的完成——比如用塑料字母拼写简单的词语。它能够整合听觉的、视觉的和触觉的刺激以便执行实验者的指令，而且它能够接受某些能力倾向测验。毫无疑问，如果完全去除某人的大脑左半球，使他只剩下右半球的那些能力，我们不能因此就说他已经被变成了一个机器人。虽然没有言语，他仍然会有意识，仍然会是主动的，他的视野缩小了、右半身局部瘫痪了，但最终会有一定程度的恢复。考虑到这一点，我认为，仅仅因为右半球的活动与左半球的活动一起发生、左半球具有意识不存在问题，于是就否认右半球的活动是有意识的，这种观点看来是很武断的。

我并不希望宣称有意识的和无意识的心理活动之间有一条泾渭分明的界线。它们的区别在一定程度上甚至可能是相对的，即某项心理活动能否归属于意识，取决于同一个人在相同时间里有哪些其他心理活动，以及它是否以一种合适的方式与它们联系在一起。但是，即使这种说法成立，脑分裂病人右半球的活动也不属于那种得根据病人心中进行的其他活动来确定其是否有意识的事件。它们的决定因素包括一系列心理因素，而且它们要求警觉性。很显然，交给被掩盖的左手和受速示刺激的左视野的任务，要求具有注意力，甚至要集中注意力。受实验者不是迷迷糊糊地接受实验测试：他们显然与现实保持着联系。左半球偶尔会抱怨要求它做右半球能够做的事，因为它不知道当右半球控制反应的时候究竟发生些什么情况。但是右半球对于它所做的事表现出足够的觉知，说明在没有言辞证明的情况下把有意识的控制归属于它是有道理的。如果病人没有否认对那些活动的任何觉知，对它们的意识性本不会产生任何怀疑。

使第一种假说站不住脚的考虑，也可用来反驳第二种假说，即认为右半球的活动有意识、但不属于任何心灵的说法。关于这个提法是否能被理解可以提出一些问题，但在这里不必去考虑它们，因为右半球的心理活动的高度组织和联运协调已经使这种说法难以置信。它们不是自由活动的，它们的组织不是支离破碎的。右半球服从指令，整合触觉的、听觉的和视觉的刺激，并能做健全的心灵应当做的大部分事。资料向我们显示的不只是有目的行为的碎片，而是一个能够学习、做出情绪反应、服从指令、完成需要整合各种心理决定因素的任务的系统。看上去很清楚，右半球的活动不是无意识的，它们属于某种具有典型心理的结构的事物：一个经验和行为的主体。

五

现在让我转到把右半球的有意识心理活动归于某个心灵的三种假说。对它们必须一起考察，因为它们各自的根本困难就在于没有可能在它们中间做抉择。于是，问题就在于：病人有两个心灵，还是一个心灵，或者一个偶尔分裂成两个的心灵。

认为病人有两个心灵，即右半球的活动属于一个它们自己的心灵，提出这种观点有很多理由。[1]大脑的每一侧似乎都产生自己的知觉、信念和行为，它们通常是相互联结的，但是并不与对侧的知觉、信念和行为相联结。脑皮层的两半享有一个共同的身体，它们通过一个共同的中脑和脊髓控制这个身体。但是它们较高级的机能不仅在身体上是独立的，在心理上也是独立的。右半球的机能不仅与言辞无关，而且右半球在自己本部觉得十分容易的那类机能，如辨别形状或颜色的机能，也不可能直接和左半球的相应机能结合。

由病人左半球提供的一个证言似乎能对两个心灵的观点提出反驳。他们报告说，视野没有缩小，左侧的感觉也没什么欠缺。斯佩里不考虑这个证言的理由是，它类似于盲点（视网膜部分损坏）患者的证言，即他们没有察觉视野中的空白，虽然其他人在观察他们的知觉缺陷时可能发现这些空白。但是，我们不必为了说明这种证言而假设左半球里有一种精致的虚构的机理在起作用。完全可能是这样的情况：虽然有两个心灵，与各个半球相连的心灵通过共同的脑干接受

---

[1] 这是斯佩里的观点。他是这么说的：与通常有一个统一的意识流相反，从这些病人的许多举止看，他们好像有两个独立的有意识的觉知流，每个大脑半球一个，每一个都与另一个的心理经验隔绝、互不接触。换句话说，每一个半球似乎都有自己独立的、私有的感觉，有自己的知觉、自己的概念、自己的行为冲动以及相关的意志经验、认知经验和学习经验。在手术之后，每个半球还从此有了自己独立的、另一个半球的回忆过程所无法进入的记忆链（《美国心理学家》，第23卷，第724页）。

一定数量未经加工的同侧刺激，使得说话的心灵在它的视野的左侧有了一个初步的、未加鉴别的附属物，反过来，右半球也是如此。①

两个心灵假说的真正困难，也就是认为我们在与一个心灵打交道的理由——那就是，在通常的情况下，病人与世界的关系具有高度的完整性。当他们不是处于实验情境时，他们令人吃惊的行为分裂就消失了，他们能够正常地活动。无可置疑，来自他们大脑两侧的信息可以联合起来产生完整的行为控制。虽然这不是用通常的方法完成的，但这是否解决了反对把完整的功能归之于一个心灵的问题，并不清楚。说到底，如果允许病人用两只手摸东西和用两个鼻孔闻东西，那么对于他周围发生的一切以及他正在做的事，他就能够得出一个完整的概念，在他的行为或态度中不会表现左右两侧的不一致。仅仅由于达到这种整合的方式有点独特，就认为我们不能把那些经验归于同一个人，这是很奇怪的。认识这些病人的人们觉得，把他们作为单个的个体与他们相处是十分自然的。

然而，如果我们把整合作用归于单个心灵，我们也必须把实验引发的分裂归于那个心灵，而那是很难做到的。实验的情境揭示出许多不同寻常的分裂或冲突，不只是因为它的

① 对于这种基本的同侧视觉输入和触觉输入，有一些直接的证明；参见加扎尼加：《对切的大脑》，第3章。

解剖学基础的简单性，而且因为范围如此广泛的机能分裂为两个互不沟通的分支。它并不像是两个冲突的意志中心享有一个共同的知觉器官和推理器官。分裂比那更深刻。一个心灵的假说必定因此断言，个体的单个意识的内容是由两个大脑半球中的两个独立的控制系统产生的，两个半球各有一个相当完整的心理结构。如果这种双重的控制是在实验的情境下通过短暂的交替达到的，那么，它虽然神秘，还是可以理解的。但是那个假说不是这个意思，照它的说法会是无法理解的。因为在这些病人身上，似乎有一些同时发生但又不可能纳入一个单独心灵的事情：例如，同时注意两件不协调的任务，左手的意图和右手的意图之间没有相互影响。

这就使人无法想象，作为这些人中的一个会是什么样的。在前意识控制系统的水平上，这种缺乏相互影响是可以理解的。但是在视觉经验和有意识动机的范围里，缺乏相互影响就会威胁有关意识统一性的假定，而意识的统一性乃是我们把另一个个体作为人来理解的基础。这些假定与我们对自己的概念有关，并在相当的程度上制约了我们对其他人的理解。而且我认为，正是这些假定使我们无法根据心灵的可数数目对讨论中的实例提出一种解释。

粗略地说，我们假定一个单个的心灵与它的有意识状态非常直接地相通，以致对于同时发生的或时间上非常接近的经验要素或其他心理事件来说，作为它们的主体的心灵如果注意的话，也能体验到它们之间比较简单的关系。于是我们假定，当一个单个的人有两个视觉印象时，他通常也能体验到它们的颜色、形状、大小的相同或不同，它们在他的视野内的位置关系和运动，等等。交叉形态的联结也同样如此。人们认为，个人的经验发生在一个由实验连在一起的范围内，因此经验之间的关系基本上可以从对那些关系的体验中获得。①

在实验情境下脑分裂病人的表现显著地不符合这种假定，而且在最简单的事情上也不符合。不仅如此，分裂存在于两类有意识状态中，这两种状态的特征是显著的内部一致：通常有关意识统一性的假定在半球内部成立，虽然我们无法跨越半球之间的间隔进行必要的比较。

这些考虑把我们带回病人各有两个心灵的假说。它至少有一个好处，就是使我们能够理解作为这些个体会是什么样的，只要我们不竭力想象同时作为他们两者会是什么样的。然而，要想安心地接受这个结论还是有障碍的，这就是病人在日常生活中所表现的强制性的行为协调，与这种表现相比，实验的情境所引起的分裂症状看起来是次要的、非典型

---

① 这两者当然可以不一致，而且这个事实引起有关颠倒的幻象的经典哲学问题，这种幻象与本文论题的关系远远谈不上密切。在不同的人的经验要素之间不能成立的一种关系，可能在一个单个人的经验要素之间成立，例如，看到相似的颜色。我们关于经验相似性的概念，就单个人而言，取决于他对相似性的经验，在这个意义上，这个概念不适用于人与人之间。

的。我们直接面对相互冲突的证据，这种情况不允许做出武断的判定。有一种强烈的倾向认为在那些头脑里的心灵必定是某个整数，但是资料无法让我们判定是多少。

这种困境使假说（5）初看起来很有吸引力，特别是因为造成冲突的资料在一定程度上是在不同的时间收集的。但是经过思考，认为只有在实验的情境下才会产生第二个心灵的假说也失去了可信性。首先，它完全是特设性的（*ad hoc*）：它想用另一个变化来解释某个变化，却没有为第二个提出任何解释。没有任何理由可以指望实验的情境能在病人身上造成一种根本的内在变化。事实上它并没有造成解剖学上的变化，而只是引起值得注意的一系列症状。像心灵的突然出现和消失这样不同寻常的事件本来需要做出像样的解释，而不能只图解释的方便。

其次，这个假说甚至解释不了行为方面的证据，因为病人的相互协调的反应和相互分离的反应在时间上并不是截然分开的。在做实验的时候，病人的活动大体上看似乎是一个独立个体的活动，这表现在病人的姿势、病人按照指令集中自己的视线，以及病人与实验者和实验器具相处时的一整套琐细的行为控制上。除了对于那些非常特别的输入，即分别以不同方式到达大脑两半球的输入之外，病人的大脑两半球合作得很好。因为这些理由，假说（5）看起来并不是一个现实的选择；如果在实验的情境下有两个心灵起作用，那么它们必定在大体上是协调的，虽然有部分的不一致。而如果那时有两个心灵，为什么在其他的时间里就不能有两个基本上平行地起作用的心灵呢？

　　不过病人在日常生活中表现出来的心理上的协调非常完整，所以我认为那个结论是不能接受的，任何涉及把若干个（整数）心灵归之于他们的结论也都是不能接受的。这些病例介于以下两种人中间，一种是大脑完好无损的正常人（他们的大脑半球之间也有合作，虽然它主要是通过胼胝体起作用），一种是从事某种要求严密配合的工作（如使用需要两个人拉的锯子，或演出二重奏）的成对个体。在后一种情况下，存在两个心灵，它们通过微妙的外围线索进行交流；在前一种情况下，只有一个心灵。从这两种情况看，我们没有理由一定要把脑分裂病人与其中的某一个相提并论。如果我们判定他们肯定有两个心灵，那就要问，我们为什么不根据解剖学的理由断定每一个人都有两个心灵，尽管除了那些奇特的情况之外我们不会注意它，因为，由于为它们提供解剖学基础的大脑半球之间的直接交流，大部分在一个身体中的成对的心灵都能完全平行地作用。我们每个人都具有的两个并肩工作的心灵应当是差不多一样的，除了一个能说话、一个不能说话以外。但是这样的论证显然是徒劳的。因为，如果一个心灵的观念适用于任何人，它就适用于大脑完好无损的普通个体，而如果它不适用于他们，就应当废弃它，那样的话，再问脑分裂病人有一个心灵还是两个心灵就毫无意义了。①

六

如果我说的不错，即不能说这些病人具有数目为整数的心灵，那么，具有意识和重要的心理活动的属性便不要求存在一个单独的心理主体。这本身是极为令人困惑的，因为它与我们根据自己的模式来理解我们归之于他人的心灵这个需要相抵触。通常关于一个人的概念，或通常的经验概念中的某种东西，导致对这些病例作出说明的要求，但同一个概念又不可能对它们提供这种说明。看起来这个问题不值得过多地操心。当开始处理一个与以前所知的其他一切根本不同的现象时，我们得出结论说不能用通常的词语对它作恰当的描述，这并不怎么令人吃惊。但是我认为，对这些极不同寻常的病例的考虑，应当引起对适用于我们自身的一个单独的意识主体概念的怀疑。

试图用心灵主义的词语来理解这些病例的根本问题在于，我们把自己看作心理上统一的范例，然后又无法把我们

---

① 如果有人愿意接受我们全都有两个心灵的结论，我要说，麻烦不会就此结束。因为一个单一半球的心理活动，诸如视觉、听觉、言语、书写、词语理解等，通过适当的皮层断裂可以在相当大的程度上彼此分离，那么我们为什么要认为每一个半球中都存在好些具有特殊能力、相互合作的心灵？到哪里可以结束呢？如果任意地决定与一个大脑相连的心灵的数目，这个问题原来的意义就消失了。

自己投射到他们的心理生活中去，无论是一次还是两次。但是，当我们把自己用作检验标准，以判断是否可以说另一个有机体容纳某个个体的经验主体时，我们不知不觉地否定了一种可能性，那就是，我们自己的统一可能并不是绝对的，而只是一个复杂有机体的控制系统中的另一个或多或少有效的整合的例子。这个系统通过我们的嘴巴以第一人称单数说话，因此在某种意义上我们把它的统一看作绝对的数值，而不是看作相对的、看作它的内容整合的一个函数，便是可以理解的。

但是这实在是一种错觉。这个错觉错在向心灵的中心投射一个主体，而我们正在努力做的就是解释这个主体的统一性：具有他的全部复杂性的单个的人。对于我们所称的单个心灵的统一性的最终说明，由列举作为其象征的机能整合类型组成。我们知道这些类型可能以不同的方式、在不同的程度上被损害。那种认为即使在它们最完整的形式下都可以用存在一个数值为一的主体来解释的想法是一种错觉。或者这个主体包含心理生活，这样的话它就是复杂的，它的统一性必须用它的组成成分和机能的统一活动来说明；或者它是一个无广延的点，那样的话，它就什么都解释不了。

一个完好的大脑包含两个大脑半球，每个半球都具有能恰当管理身体的知觉、记忆和控制系统而无需另一半的帮助。它们借助于一个内部的不断双向交流的系统共同指挥身体。记忆、知觉、欲望等因此而在大脑的两侧拥有了重复的物理基础，不仅仅因为初始输入的相似性，而且因为以后的交流。未分离的两个半球在控制身体时的合作，要比一对分离的半球的合作更为有效、更为直接，但它仍然是合作。因此，即使我们用机能整合来分析统一这个概念，我们自己的意识的统一可能并没有我们想象的那么明确。有一种自然的概念，即认为，一个单个的人由一个心灵控制，这个心灵拥有一个单独的视野和其他各个感觉器官的不同机能，拥有统一的记忆、欲望、信仰等系统，但是当我们把这种概念用于我们自身时，就会与生理学的事实发生冲突。

关于一个人的这种概念，在用于那些病例时，要求我们说起一个身体里有两个或更多个人，而在这之后，这种概念仍然可能存在下去，不过它似乎坚决地固守某种整数的可数形式。由于这一点也值得怀疑，可能将来有一天，当对人的控制系统的复杂情况了解得更清楚，当我们对于存在任何我们属于其中的重要东西的信念不再那么有把握时，关于一个单个的人的普通而简单的概念，就可能变得似乎很奇怪。不过也有可能，无论我们发现了什么，我们都无法放弃这个概念。

第十二章　作为一只蝙蝠是什么样?

使心-身问题成为棘手问题的是意识。也许正因为此,现今关于心-身问题的讨论很少注意它,或者明显地误解它。近来还原论者洋洋自得,情绪高涨,对心理现象和心理概念提出好几种分析,想要解释某种唯物论、心理物理同一论或还原论的可能性。[①] 但是他们所论述的问题是与这样那样的还原论相同的问题,而使心-身问题成为独一无二的问题,成为不同于水 $-H_2O$ 问题、图灵机[②] $-$ IBM 机问题、闪电-放电问题、基因- DNA 问题、橡树-碳氢化合物问题的东西,却被忽视了。

每一个还原论者都有他所喜爱的根据现代科学作出的类比。这些不相干的成功还原的例子都不可能说明心与脑的关系。但是哲学家也有一般人的弱点,想用适合于人们所熟知的尽管完全不同的东西的解释,来解释人们所无法理解的东西。这已导致人们接受了各种并不可信的对心理的解释,主要因为这些解释允许熟悉的还原。我想要说明,为什么常用的例子不能帮助我们理解心与身体之间的关系，为什么实际上我们现在还不知道对心理现象的物理本质能做怎样的解释。没有意识问题，心-身问题就没那么有趣。而有了意识问题，心-身问题似乎就没有解决的希望。对于有意识心理现象的最重要最典型的特征，我们的了解十分贫乏。大多数还原论理论甚至不想努力去解释它。仔细的考察会表明，目前现有的还原概念都不适合于它。或许可以为了这个目的设计某种新的理论形式，但是，这样的解决办法如果存在的话，也只能存在于遥远的理解力发达的未来。

有意识经验是一个广泛的现象。它出现在动物生活的许多层面上，虽然我们不能肯定它存在于更简单的有机体身上，而且很难从总体上说是什么为它提供证据。（有些极端

---

① 例如 J. J. C. 斯马特：《哲学与科学实在论》(伦敦：劳特利奇与基根·保罗出版社，1963年)；戴维·K. 刘易斯：《赞成同一性理论的一个理由》，《哲学杂志》，第63卷(1966年)，与补遗一起重印于戴维·M. 罗森塔尔的《唯物主义与心-身问题》(恩格尔伍德·克利夫斯：普林蒂斯-霍尔出版社，1971年)；希拉里·普特南：《心理学断言》，载《艺术、心理与宗教》，W. H. 卡皮坦与 D. D. 梅里尔编(匹兹堡：匹兹堡大学出版社，1967年)，重印于罗森塔尔编：《唯物主义》，题为《心理状态的本质》；D. M. 阿姆斯特朗：《唯物主义的心的理论》(伦敦：劳特利奇与基根·保罗出版社，1968年)；D. C. 丹尼特：《内容与意识》(伦敦：劳特利奇与基根·保罗出版社，1969年)。我以前提出的质疑，可参见《阿姆斯特朗论心》，《哲学评论》，第79卷(1970年)，第394—403页；对丹尼特的评论，《哲学杂志》，第69卷(1972年)；以及本书第十一章。还可参见索尔·克里普克：《命名与必然性》，载《自然语言的语义学》，D. 戴维森与 G. 哈曼编(多德雷赫特：赖德尔出版社，1972年)，尤其是第334—342页；以及 M. T. 桑顿：《表面词语与唯物主义》，《一元论者》，第56卷(1972年)，第193—214页。
② 图灵机 (Turing machine)，一种可不受储存容量限制的假想计算机，是英国数学家 A. M. 图灵 (1912—1954) 于1936年描述的。——译者

论者甚至准备否认人以外的哺乳动物具有意识。）它无疑会以无数我们完全无法想象的方式出现在宇宙其他太阳系的其他行星上。但是，不管形式如何变化，一个有机体只要具有有意识的经验，这个事实就意味着，从根本上说，存在某种作为那个有机体是什么样的经验。它也许还蕴含着这个经验的形式；甚至也许（虽然我抱有怀疑）还蕴含着该有机体的行为。不过从根本上说，当且仅当一个有机体具有作为那个有机体是什么样（对于那个有机体来说是什么样）的经验时，它才具有有意识的心理状态。

我们可以把这叫作经验的主观性。任何常见的、最近发明的对心理的还原分析都不可能控制它，因为它们在逻辑上全都与它的不存在相容。不能用任何说明机能状态或现象状态的方法来分析它，因为这些可以归之于机器人或自动机，它们可以像人一样行动，却不可能具有经验。[①]出于同样的理由，不能用涉及独特的人的行为的经验因果作用来分析它。[②]我不否认有意识的心理状态和事件引起行为，也不否认可能对它们做出机能的特征描述。我只是否认这类描述穷尽了对它们的分析。任何还原论的计划都必须以对它所要还

----

① 也许实际上不可能有这样的机器人。也许任何复杂到能像人一样行动的东西都会有经验。但是，即使真是如此，这个事实也不能仅仅通过对经验的概念分析来发现。

② 它与我们坚信不疑的东西不相同，因为我们对经验并不是坚信不疑的，还因为经验存在于没有语言和思想的动物身上，它们对它们的经验根本没有任何信念。

原的东西的分析为基础。如果分析遗漏了什么东西，就会提出错误的问题。如果对心理现象的分析未能明确地论述它们的主观性，以这种分析为基础来为唯物主义辩护是无用的。因为没有理由认为，一种似乎可信的还原在不打算对意识做出说明的时候能够扩展到把意识包括在内。因此，不了解经验的主观性是什么，我们就无法知道要物理主义理论干什么。

虽然对心的物理基础的解释必须说明许多事情，但是看来最困难的就是这一点。不可能像在对一个普通的物质进行物理或化学还原时排除它的现象特征一样，在还原时排除经验的现象特征——也就是把它们解释成对一个旁观者的心理的影响。[1]如果要为物理主义辩护，必须对现象特征本身做出物理的解释。但是当我们考察它们的主观性时，这样的结果似乎是不可能的。原因在于，每一个主观的现象必然与某一个别的观点相关联，而看来无法避免的是，一种客观的物理理论将放弃那个观点。

首先让我试着更确切地陈述这个争端，而不只是提主观与客观之间的关系，或自为与自在之间的关系。这是很不容易做到的。关于作为一个 X 会是什么样的事实是非常特别的，特别到人们可能怀疑它们的真实性，或有关它们的要求的含义。为了说明主观性与某个观点之间的联系，为了显示

---

① 参见理查德·罗蒂：《心-身同一、私密和范畴》，载《形而上学评论》，第19卷（1965年），尤其是第37—38页。

主观性的重要性，用一个实例也许有助于探讨这个问题，它将清楚地表明主观与客观这两类概念之间的差异。

我假定我们都相信蝙蝠具有经验。毕竟它们是哺乳动物，而且对于它们比老鼠、鸽子、鲸鱼更具有经验这一点，也没有更多怀疑。我选择蝙蝠而不选择黄蜂或鲆，是因为如果沿着种系发生的谱系图走得太远，人们会逐渐失去对经验存在的信念。蝙蝠与我们的关系虽然比其他那些物种更近，但它呈现的活动范围和感觉器官与我们的大不相同，因而使我想要提出的问题显得格外生动（不过对其他物种当然也可以提出来）。即使没有哲学反思的帮助，任何一个人只要与一只活跃的蝙蝠一起在一个封闭的空间待上一阵，都会知道遇到一种完全陌生的生活方式是什么样。

我已经说过，相信蝙蝠具有经验的实质在于，存在某种作为蝙蝠是什么样的经验。我们知道，大多数蝙蝠（精确地说，小翼手目动物）对外部世界的感知，主要通过声呐，即回声定位功能。它们发出急速的、微妙控制的高频率尖叫，然后测定从音域范围内的物体发回的反射。它们的大脑结构能把向外发出的冲量与随后的回声联系起来，而由此获得的信息使蝙蝠能够精确地辨别距离、尺寸、形状，质地，可与我们靠目光做出的判断相比。但是，蝙蝠的声呐，虽然显然是一种感知的形式，它的作用与我们所有的任何感官都不一样，没有理由设想它在主观上与我们所能经验或想象的任何东西相似。这似乎使有关作为一只蝙蝠会是什么样的概念产生了困难。我们必须考虑是否有任何方法允许我们从我们自己的情况推断蝙蝠的内心生活，[①]如果没有，又有什么其他方法可以理解这个概念。

我们自身的经验为我们的想象提供基本材料，因此想象的范围是有限的。试图想象某人手臂上有蹼，因而能够在黄昏和早晨四处飞翔，并用嘴巴捕食昆虫；想象某人视力极差，凭着一种反射高频率声音信号的机能感知周围世界；想象某人白天躲在阁楼里，双脚倒挂头朝下，这都无济于事。在我能够想象的这个范围里（还不算太遥远），它告诉我的无非是，如果我的行为像蝙蝠的行为一样，对我来说会是什么样。但是这不是我所说的问题。我想知道的是，作为一只蝙蝠对蝙蝠来说会是什么样。然而，如果我试图想象这一点，我受到自己的心灵力量的限制，而那些力量不足以完成这个任务。我无法通过想象来完成它，无论是想象在我现有的经验上增加一些，还是想象从现有的经验中逐步减去一些，或者想象既增加又减少同时做些修改。

不改变我的基本结构，我的外表或行为可以做到像一只黄蜂或蝙蝠一样，但我的经验却不会同那些动物的经验有丝毫相像。相反，设想我应当具有蝙蝠的内部神经生理构造，

---

① 我所说的"我们自己的情况"并不只是指"我自己的情况"，而是指我们毫无疑义地运用于我们自己和其他人的心灵主义的概念。

这种设想是否有意义是值得怀疑的。即使我能够被逐步变成一只蝙蝠，以我现在的构造，我也无法想象被如此变形后的将来的我会有怎样的经验。如果我们知道蝙蝠的经验是什么样的，就可能从中获得最好的证据。

因此，如果从我们自己的情况所做的推断，包括在作为一只蝙蝠会是什么样的想法中，这种推断一定是不完全的。对于它会是什么样，我们只能得出一个概略的概念。例如，我们可能根据这种动物的结构和行为把一些普遍的经验类型归于它。于是我们把蝙蝠的声呐描述为一种立体传递的知觉；我们相信蝙蝠能感觉某种形式的痛苦、恐惧、饥饿和渴望，除了声呐之外它们还具有其他更为常见的知觉。不过我们相信这些经验也各自具有一种特殊的主观性，那是超出我们的想象能力的。而如果宇宙的其他地方存在有意识的生命，很可能其中有些经验是我们现在所有的哪怕最普遍的经验术语都无法描述的。[1]（然而，问题并不仅限于外来的实例，因为它存在于一个人与另一个人之间。例如，我无法感受一个生来又聋又瞎的人的经验的主观性，大概他也无法感受我的经验的主观性。这并不妨碍我们各自相信另一个人的经验具有这样的主观性。）

我们能够相信这样的事实存在，虽然我们无法构想它们

---

[1] 因此英语表达式 "what it is *like*" 的类比形式使人误解。它并不意味着 "（在我们的经验中）它与什么相似"，而是说 "对于主体本身它是什么样的"。

的精确性质，如果有人想要否认这一点，他应当深思一下，当我们考虑蝙蝠时，我们所处的地位与聪明的蝙蝠或火星人[1]可能占有的地位完全一样，如果它们想要形成一个作为我们会是什么样的概念的话。它们的心灵结构可能会使它们无法获得成功，但是我们知道，如果它们断言作为我们没有任何确定的特点：只有某些普遍的心理状态可以归于我们（知觉和食欲也许是我们共同的概念；也许不是），那么它们就错了。我们知道它们得出这样一种怀疑论的结论是错误的，因为我们知道作为我们是什么样。而且我们知道，虽然它包括大量的变化，十分复杂，虽然我们不具有恰当地描述它的词汇，它的主观性是非常明确的，而且在某些方面可以用只有像我们一样的生物才能理解的语言来描述它。事实上我们不能指望用我们的语言能详细地描述蝙蝠或火星人的现象，但我们不能由此就认为，说蝙蝠和火星人具有的经验在丰富性和详细性上能与我们的经验相比是毫无意义的，可以不予理会。如果有人打算提出某些概念和某种理论以使我们能够思考那些事情，当然不错；但是我们受天性的限制可能永远达不到这样一种理解力。而否认我们绝不可能描述或理解的东西的现实性及逻辑意义，是认知失调最赤裸的形式。

这使我们接触到一个话题，它需要的讨论比我在此所能

---

① 地球外的任何有智力的存在物都与我们完全不同。

给出的还要多得多，那就是事实与概念图式或表述系统之间的关系问题。我的关于主观领域所有形式的实在论，暗示着我相信存在人的概念所无法把握的事实。对于某些事实，人们永远不会拥有表述或理解它们所必需的概念，抱有这样的信念当然是可能的。事实上，考虑到人类的期望的有限性，怀疑这一点倒是愚蠢的。说到底，即使在康托尔（Cantor）①发现超限数之前黑死病消灭了所有的人，超限数仍然会存在。但是人们也可以认为，即使人类永远存在，有些事实也绝不可能被人类所表述和理解——只因为我们的构造不允许我们运用必需的那类概念。这种不可能性甚至可能被其他的存在物所觉察，不过，这种存在物的存在，或它们存在的可能性，是假设有人类无法接近的事实的前提，这一点并不清楚。（说到底，能够接近人类无法接近的事实的存在物，它们的性质本身大概也是一个人类无法接近的事实。）因此，思考作为一只蝙蝠会是什么样似乎使我们得出这样的结论：有些事实并不存在于可用人类语言表达的论点的真实性中。我们可能无法陈述或理解这些事实，却不得不承认它们的存在。

不过，我不打算继续讨论这个问题。它与我们面前的问题（即心-身关系问题）的关联在于，它使我们能够对经验的主观性做出一个总的评论。不管有关作为一个人，或一只

---

① 康托尔（1845—1918），德国数学家，创立集合论，提出超限数理论，第一个证明全体实数是不可列的，著有《集合的一般理论的基础》。——译者

蝙蝠，或一个火星人是什么样的事实处于何种地位，这些事实似乎都体现了一种特定的观点。

我不在这里评论所谓的经验对于其拥有者的私密性。我所说的观点并不是只有个别个体会有。相反，它是一个类。人们经常可能采取某种并非某人自己的观点，因此对这种事实的理解并不限于某人自己的情况。在某种意义上，现象学的事实是完全客观的：一个人可以知道或说出另一个人的经验是什么性质。不过，它们是主观的，这是因为，有可能作出对经验的这种客观描述的，也只有某些与描述对象足够相似因而能够采取他的观点的人，可以说，他既能以第三人称也能以第一人称理解该描述。其他人的经验与某人自己的经验越是不同，可以预期的成功就越少。就我们自己的情况而言，我们占有适宜的观察位置，但是如果我们从另一个角度看待我们自己的经验，就会像不采取另一物种的观点却试图理解它的经验一样困难。①

---

① 借助于想象来超越物种内部的障碍也许要比我设想的容易些。例如，盲人可以通过某种形式的声波定位，利用嗓子发出的咔嗒声和手杖的叩击声来察觉他们附近的物体。如果人们知道那是什么情况，也许能够扩展开去粗略地想象拥有蝙蝠的更为精致的声呐是什么情况。一个人自己与其他人或其他物种之间的距离可能落在一个连续体的任何地方。即使是对其他的人，关于作为他们是什么样的理解也只能是部分的，而对与某人迥然不同的物种，获得更少一些的局部理解也还是可能的。想象力是非常灵活的。不过，我的观点并非是说，我们不可能知道作为一只蝙蝠是什么样。我提出的不是那个认识论的问题。我的观点是，即使为了形成一个关于作为一只蝙蝠是什么样的概念（更不必说知道作为一只蝙蝠是什么样），人们必须采取蝙蝠的观点。如果人们能够粗略地或部分地采取它的观点，则人们的概念也将是粗略的或部分的。我们现在的理解状况似乎就是这样。

这与心-身问题直接有关。因为如果经验的事实——有关对于经验着的有机体是什么样的事实——只有从一种观点才可接近，那么经验的真正性质如何可能表现在那个有机体的身体动作中就是一个谜。后者是一个绝妙的客观事实的领域，可以由具有不同的感知系统的个体从许多角度进行观察和理解。人类科学家要获得有关蝙蝠的神经生理学知识，并不存在类似的想象的障碍，而聪明的蝙蝠或火星人对人类大脑的了解也许超过我们所可能达到的程度。

这本身并不是一个反对还原论的论据。一位不理解视觉的火星科学家可能理解作为物理现象的彩虹、闪电或阴云，虽然他绝不可能理解人类关于彩虹、闪电和阴云的概念，或这些东西在我们的现象世界所占有的位置。由这些概念所弄清的事物的客观性能够被他理解，因为，虽然概念本身与某种特定的观点和特定的视觉现象学联在一起，被从那个观点理解的事物却不是这样：它们可以从那个观点被理解，但却是外在于它的。因此同一个有机体或其他的有机体也能从其他的观点理解它们。闪电具有一种客观性，不是它的视觉现象所能穷尽的，一个没有视觉的火星人可以研究它的客观性。精确地说，它具有一种比它的视觉现象所表现的更多的客观性。说到从主观的特征性描述转到客观的特征性描述，我希望对目标的存在、对事物的完全客观的内在性质保持一种不确定的态度，人们可能达到也可能无法达到对这些性质的理解。也许更准确的是把客观性看作一个方向，人的理解可以向着这个方向前进。而在理解像闪电这样的现象时，尽可能地远离狭隘的人类观点是合理的。[1]

相反，就经验而论，与某个特定观点的联系似乎更密切一些。离开主体看待某一经验的特定观点，谈论该经验的客观性是让人难以理解的。说到底，如果离开蝙蝠的观点，谈论作为蝙蝠是什么样还有什么意义？但是，如果经验除了它的主观性外不具备可以从许多不同的观点看待它的客观性，那么又如何可能设想一个研究我的大脑的火星人能够从一个不同的观点观察本是我的心理过程的物理过程（就像他能够观察闪电的物理过程那样）？而且，这样的话，一位人类生理学家又如何可能从另一个观点观察它们？[2]

看来我们面对着一个有关心理生理还原的普遍困难。在其他领域，还原的过程是向着更大的客观性、向着对事物真正性质的更准确观点前进一步。完成这一步，必须减少我们对个体或物种特有的关于研究对象的观点的依赖。我们不用它对我们的感官造成的印象来描述它，而是用它更普遍的影

----

[1] 因此，我准备提的问题就可以摆出来了，哪怕更主观和更客观的描述或观点之间的区别本身只能在一个更广泛的人类观点内部形成。我不接受这种概念的相对论，却不一定要反驳认为其他情况下常见的主观对客观的模式不能容纳心理与生理还原的观点。

[2] 问题并不只是当我注视《蒙娜·丽莎》这幅画时，我的视觉经验具有某种性质，某人往我的大脑里面看不会找到这种经验的线索。因为即使他观察到那里有一个《蒙娜·丽莎》的微小映像，他也没有理由把它与这种经验相等同。

响和可用人类感官之外的手段来测定的性质来描述它。对于人类特有的观点的依赖越是少，我们的描述就越是客观。之所以能沿着这条路线走，是因为，虽然在思考外部世界时，我们所用的概念和观念起初是从包括我们的知觉器官在内的观点出发的，但是我们用它们指称超出它们自身的东西——对它们我们持有现象学的观点。因此我们可以放弃它而支持另一个，同时仍在思考同样的事物。

然而，经验本身似乎并不适合这种形式。从现象到本质的观念在这里似乎说不通。为了追求对同一现象的更客观的理解，放弃起初对它们抱有的主观的观点，支持另一种更加客观但仍然是有关同一事物的观点，在这里有什么相类似之处？当然，超出我们人类观点的独特性，试图用那些无法想象作为我们是什么样的存在物所能理解的方法来描述，使我们更接近人类经验的真正本质，这似乎是不可能的。如果经验的主观性只有从一种观点出发才能被完全理解，那么任何向更大的客观性的转变（即较少地依附于某种特殊的观点）都不能使我们更靠近现象的真正本质：它使我们更加远离这种本质。

在某种意义上，成功还原的实例中已经可以发现反驳经验的可还原性的萌芽；因为在发现声音实际上是空气中或其他媒质中的一种波动现象时，我们放弃了一种观点而采取了另一种观点，而我们所放弃的听觉的、人或动物的观点并未被还原。完全不同的两个物种的成员可能都能客观地理解同样的物理事件，这并不要求它们理解那些事件对另一物种的成员的感官所呈现的现象形式。因而，它们更为独特的观点不属于它们都能理解的一个共同现实，乃是它们指称这个共同现实的一个条件。只有当人类特有的观点从准备还原的东西中排除以后，还原才能成功。

不过，虽然我们在探求对外部世界更充分的理解时撇开这种观点并没错，却不能永远地忽视它，因为它是内部世界的本质，而不只是对它的一种看法。大部分近代哲学心理学的新行为主义，都是产生于以一种客观的心的概念代替真实事物、不让任何不可还原的东西留下的企图。如果我们承认一种物理的心的理论必须说明经验的主观性，我们就必须承认，没有一种现有的概念能够提示我们如何可能做到这一点。这个问题非常独特。如果心理过程的确是物理过程，那么它就有经受某些物理过程的某种内在的相应特征。[①]这样

[①] 因而这就像原因与其显著结果之间的关系一样，不会是一种偶然的关系。某种物理状态经历某种方式必定会是真的。索尔·克里普克在《自然语言的语义学》（戴维森和哈曼编）中论证说，对心理做出强调因果的行为主义的相关分析之所以失败，是因为它们把例如"疼痛"仅仅理解为疼痛的偶然名称。某一经验的主观性（克里普克所称的"它当下的现象学性质"［第340页］）是这种分析所遗漏的基本性质，而且正是因为这种性质，经验才成为它所是的那样。我的观点与他的观点有密切关系。像克里普克一样，我认为，如果不做出进一步的解释，关于某种大脑状态必然有某种主观性的假说是无法理解的。认为心-脑之间是偶然关系的理论中不会出现这样的解释，不过也许还有未发现的其他选择。

解释心-脑之间为什么是必然关系的某种理论，仍会留下克里 （转下页）

一种情况如何可能仍然是一个谜。

从这些思考可以引出怎样的教益，下一步又该做什么？下结论说物理主义必定错误也许并不对。物理主义假说对心提出一种不完善的客观分析，它的不充足并不证明什么。比较正确的说法是，物理主义是一种我们无法理解的论点，因为我们现在不具有它如何可能是正确的概念。也许人们会认为，要求以这样的一个概念作为理解的条件不合情理。也许可以说，物理主义的意义毕竟非常清楚：心理状态是身体的状态；心理事件是物理事件。我们不知道它们是哪些物理状态和事件，但这并不妨碍我们理解这个假说。还有什么比"是"这个词更明白的呢？

但是我认为，欺骗性恰恰在于"是"这个词表面上的明

（接上页）普克提出的为什么它看上去是偶然的问题。在我看来那个困难可以下述方式克服。我们想象某个东西时，它可以通过感知或同情或符号向我们呈现。我不准备谈符号的想象如何发生，但另两种想象发生的部分情况如下。通过感知想象某事，我们让自己置身于一种有意识状态，它与我们如果感知这件事时可能有的状态相似。通过同情想象某事，我们让自己置身于一种与这件事本身相似的有意识状态。（这种方法只能用于想象我们自己的或另一个人的心理事件或状态。）当我们试图想象一个心理状态与大脑状态无关地发生时，我们首先同情地想象这个心理状态的发生；我们让自己置身于与它在心理上相似的状态。同时，我们试图让自己置身于与第一种状态无关的另一种状态；与我们如果感知到物理状态没有发生时所处的状态相似的状态，从感知上想象相关的物理状态没有发生。凡在对物理特征的想象是感知的、对心理特征的想象是同情的地方，在我们看来就可以想象任何与大脑状况无关的经验的发生，反之亦然。由于想象的类别不同，它们之间的关系即使是必然的，看上去也会是偶然的。

（顺便说一下，如果错误解释同情的想象，以为它像感知的想象一样起作用，就会产生唯我论：于是就似乎无法想象任何不属于某人自己的经验。）

晰性。通常，当我们被告知 X 是 Y 时，我们知道它如何被设想为真的，不过那要依靠一个概念的或理论的背景，并不是由"是"来单独传达的。我们知道"X"和"Y"是如何指称的，也知道它们所指称的是哪些东西，而且大致了解这两条指称路线如何可能在某一件事物上会合，不管那是一个物体、一个人、一个过程、一个事件或无论什么。但是当这种认同的两项非常不一致时，它如何可能为真就不那么清楚了。对这两条指称的路线如何可能会合，以及它们可能在怎样的事物上会合，我们甚至可能连一个大致的了解都没有。为了使我们能够理解这一点，也许必须提供一个理论的参照标准。没有这个参照标准，这种认同就笼罩在神秘主义的气氛中。

由此可以解释基本科学发现的通俗表述的神秘特征，人们即使没有真正理解也必须赞许这些作为命题而宣布的发现。例如，现在人们在很小的时候就被告知，一切物质实际上都是能量。但是尽管事实上他们都知道"是"的含义，他们中的大多数人从来就未想过为什么这个声言是正确的，因为他们缺乏理论背景。

物理主义现在所处的状况，与物质即能量这个假说如果出自前苏格拉底哲学家之口所可能会有的状况相似。它如何可能成为真的，我们连起码的概念都没有。为了理解心理事件是物理事件这一假说，我们需要的不只是对"是"这个词的理解。心理的术语和物理的术语如何可能指称同一事物，对此我们毫无概念，与其他领域的理论鉴别的通常类比也未能提供这种概念。它们未能提供这种概念是因为，如果我们按通常的方式理解心理术语对物理事件的指称，我们得到的或者是重新露面的独立的主观事件，这个结果可以使对物理事件的心理指称得到保证；否则的话，我们就得到一种关于心理术语如何指称的错误说明（例如，一种强调因果的行为主义的指称）。

非常奇怪，对于我们无法真正理解的东西，却可能具有证明它们为真的证据。假定一条毛虫被某个不熟悉昆虫变态的人锁在一个无菌的柜子里，数周后这个柜子重新打开，出现了一只蝴蝶。如果这个人知道柜子在这段时间里一直关着，他有理由相信这只蝴蝶就是或曾经是毛虫，虽然一点也不明白怎么会是这样。（一种可能性是，毛虫身上有一个带翅膀的小寄生虫，小寄生虫吃掉了毛虫，长成了蝴蝶。）

可以想象我们与物理主义处于这样一种关系中。唐纳德·戴维森（Donald Davidson）曾经论证说，如果心理事件具有物理的原因和结果，它们必定有物理的描述。他认为我们有理由相信这一点，虽然我们没有（事实上也不可能有）一种普遍的心理物理理论。[①]他的论证适用于有意的心理事

---

① 参见《心理事件》，载《经验与理论》，劳伦斯·福斯特和 J. W. 斯旺森编（阿默斯特：马萨诸塞大学出版社，1970 年）；虽然我不懂反对心理物理定律的论证。

件，不过我认为我们也有理由相信感觉是物理过程，虽然没有条件知道是怎样的过程。戴维森的论点是，某些物理事件具有不可还原的心理属性，而且也许某些可以用这种方式描述的观点是正确的。但是我们现在无法形成一种与之相应的概念；我们也不知道能使我们想象到的理论会是什么样。[1]

经验具有客观性的说法究竟是否有意义，对这个基本问题（这里可以完全不提大脑）还没有做过什么研究。换句话说，问我的经验实际上是什么样，而不是问它们如何对我显示，这样问是否有意义？我们无法真正理解一种物理的描述能够把握它们性质的这个假说，除非我们理解一种更根本的概念，即它们具有一种客观的性质（或者客观的过程能够具有一种主观的性质）。[2]

我愿意以一种思辨的提议来作结。也许可以从另一个方向来看待主观与客观之间的鸿沟。暂时把心与大脑之间的关系撇开，我们可以追求对心理本身的一种更客观的理解。现在，不依靠想象，不采取经验着的主体的观点，我们完全没有办法去思考经验的主观性。可以把这看作一种挑战，要求形成新的概念、设计新的方法——一种不依靠同情或想象的

---

[1] 同样的话适用于我的论文《物理主义》，载《哲学评论》，第 74 卷 (1965 年)，第 339—356 页，与附记一起重印于《现代唯物主义》，约翰·奥康纳编（纽约：哈考特·布雷斯·约万诺维奇出版社，1969 年）。

[2] 这个问题也是他人之心难题的核心所在，它与心-身问题的密切联系常常被忽视。如果人们懂得主观的经验如何可能具有一种客观性，他就会懂得除他本人之外的其他主体的存在。

客观现象学。虽然它大概也不可能把握所有的一切，它的目标将是，以一种能使无法经验那些经验的人理解的方式描述（至少部分地描述）经验的主观性。

我们也许必须阐发这样一种现象学来描述蝙蝠的声呐经验；不过从人的经验开始也是可能的。例如，你可以试着提出一些概念，能用它们向生来失明的人解释看是怎么回事。也许你最后还是碰了壁，但是设计一种比我们现在能有的方法更客观得多、更精确得多的表达方法应当是可能的。多种形式间的不严谨类比——例如，在讨论这个问题时出现的一个比喻"红色就像喇叭的声音"——没有什么用处。任何听到过喇叭声也看到过红色的人都很明白这一点。不过知觉的结构特征是可能接受客观描述的，虽然有些东西会被遗漏。取代我们以第一人称所了解的概念的其他概念，甚至可能让我们达到对自己的某些经验的理解，原先我们没有理解这些经验，正因为对主观经验的描述过于容易和没有距离。

除了它本身的考虑以外，这种意义上的客观的现象学还能使经验的物理的[①]基础问题采取一种更加明白易懂的形

---

① 我没有对"物理的"这个词做过界定。显然它不仅适用于可用当代物理学概念来描述的东西，因为我们期待进一步的发展。有些人会认为，心理现象最终将无可阻挡地被承认为理所当然的物理的现象。但是不管对物理现象另外还能说些什么，它必须是客观的。因此，如果我们关于物理现象的概念能够扩展到包括心理现象在内，它必须赋予它们一种客观的特征，不管是不是用已经被认为是物理的其他现象来分析它们而达到这一点。然而，在我看来更加可能的是，最终将用来表达心理-物理关系的一种理论，它的基本术语不能明确地归于两个范畴中的任何一个范畴。

式。主观经验中某些允许做出这种客观描述的方面，也许是更加熟悉的客观解释更好的候选者。不过，不管这种猜想是否正确，在对主观与客观这个总问题做出更多思考之前，任何关于心的物理理论看来都不可能是深思熟虑的。否则的话，不避开它我们甚至都无法提出心-身问题。

第十三章　泛心论

我说的泛心论是指这样一种观点，即认为宇宙的基本物理成分不管其是否属于生命有机体，都具有心理的属性。它似乎是从几个简单的前提推出来的，每一个前提看上去都比它的否定更可信，虽然也许不比泛心论的否定更可信。

(一) 物质构成论

任何活的有机体，包括人在内，都是一个复杂的物质系统。它由数量巨大的以特殊方式结合在一起的分子组成。我们每一个人都由物质组成，它在进入我们或我们父母的器官组织之前经历了一段大体上无生命的历史。它也许曾经是太阳的组成成分，不过也可能来自另一个星系的物质。如果它被带到地里，草从它中间长出来，一头牛吃了草，一个孕妇喝了牛的奶，于是她孩子的大脑就会有一部分由那个物质构成。无论什么东西，只要充分地分解然后重新排列，都可以结合到一个生命有机体中去。不需要任何除物质之外的成分。

(二) 非还原论

通常的心理状态, 如思想、感情、情绪、感觉或欲望, 并不是有机体的物理属性——行为的、生理的属性或其他——它们不是物理属性单独所能包含的。[①]

(三) 实在论

但它们仍然是有机体的属性, 因为不存在灵魂, 而它们又不是子虚乌有的属性。[②]

(四) 非突现论

复杂系统不存在真正突现的属性。复杂系统的所有属性 (那些不属于系统与其他某种东西之间关系的属性) 都产生于其成分的属性以及当它们如此结合时的彼此作用。突现是一种认识论的条件: 它意味着, 系统的某种观察到的特征不可能产生于当下归诸其成分的属性。不过据此可以得出结论说, 或者这个系统具有其他我们尚未了解的成分, 或者我们所了解的成分具有其他我们尚未发现的属性。

---

① 严格地说, 这个论证只要求某些心理状态是不可还原的。
② 它们中的有一些, 例如信仰和知觉, 是关系属性, 但全都包含某些非关系的方面。

泛心论似乎是从这四个前提推出来的。如果一个有机体的心理属性并非任何物理属性所能包含，而必须从有机体的成分的属性中产生，那么，那些成分必定具有非物理的属性，当遇到恰当的结合方式，就会随之出现心理的属性。既然任何物质都可能构成一个有机体，所有的物质必定都具有这些属性。而既然同一物质有可能构成具有不同类型心理生活（我们所碰到的只是一个很小的样本）的不同类型的有机体，它必定具有上述属性，当物质以不同方式结合时，就可能出现不同的心理现象。这将等于一种心理化学。

这个结论作为对意识生活如何在宇宙中产生的一个总的解释，具有其吸引力。关于这个论证有三个问题我想讨论一下。

1. 为什么把这些推断的物质属性称为心理的？物理的属性意味着什么，为什么那个概念不适用于它们？

2. 对突现的否定包含着怎样的因果性观点？

3. 用来反驳还原论的心理现象特征也反驳**实在论**吗？①

为了论述第一个问题，我们必须考虑，是什么使一种新发现的属性或现象成为物理的。因为已知的物理属性的种类在不断扩展，所谓物理的就不能用现代物理学的概念来界

---

① 当在前提 3 的特定意义上使用这个词时，我将用粗体字强调。

定，而必须是更广泛的。如果新的属性是根据对那些已经属于物理类别的属性的解释性推断发现的，它们就可以算作物理的。这个重复的过程开始以熟悉的、可观察的时空现象为基础，逐步吸收了质量、力、动能、电荷、原子价、引力场和电磁场、量子状态、反粒子、奇异性、粲，以及物理学下一步将带给我们的任何东西。[①]

这个论证所主张的是，一条类似的始于熟悉的心理现象的解释性推断链，将导致物质的普遍属性，而如果沿着使物理学扩展的解释性推断路线是不会达到这些属性的。人们很可能感觉到心理现象竟然从物质属性推出这种说法的困难之处，我们暂且把这种难处撇开。

上述主张是说，如果这样的属性存在，它们并非在我们解释过的那种意义上是物理的。单靠物理学发现的有机体的属性或它的成分，都不会成为熟悉的具有意识或前意识特征的心理属性，也不会成为暗示这些属性的更基本的初始-心理属性；因为，作为对物理现象的一种理论解释，绝不会合理地推断出一种包含或暗示其主体的意识的属性。我们确实明确地推断出对身体行为的心理解释，但是这些解释所用的概念是独立地理解的，而不是通过物理学理论引进的。仅仅

---

① 这大体上相当于费格尔的"物理 2"。参见 H. 费格尔：《"心理的"和"物理的"》，载《明尼苏达科学哲学研究》，第 2 卷，H. 费格尔、M. 斯克里芬和 G. 马克斯韦尔编（明尼阿波利斯：明尼苏达大学出版社，1958 年）。

根据物理学观察和比拟而构筑的理论不会包含暗示身体的意识的术语。

物理属性绝不会包含心理属性,支持这一论点的正是上述有关推断的设想。如果这个设想正确,那么假如根据可观察的心理现象所做的解释性推断能够发现物质的任何属性,它们将具有某种心理的含义,那是物理地推断的属性所不可能有的。从那个意义上说,为了解释心理过程而推断出的终极属性应是心理的而不是物理的。

不过,对此需要修正,因为还有第三种可能性。或许不存在两条推断之链,而只存在一条链,从物理的和心理的现象导致一个共同的来源。如果心理现象可以从物质的属性推断出来,那些属性可能在某一层面上与非物理的属性同源,而物理的现象也从那里推断出来,这在理论上是可以想象的。

这里值得说几句题外话。如此还原到一个共同的基础,对于解释在心理现象和物理现象之间如何可能存在其中任一方向的必然因果联系是有利的。它还可以减少人们对下述可能性的疑问,即一个单独的事件如身体的运动,既可以有心理的原因,也可以有完全物理的解释。经过充分分析的心理原因,可能是经过充分分析的物理原因的一部分。但是如果确是如此,共同进行还原的属性就不是物理的。它们不可能只根据物理现象经解释性推断链而达到,因为单有物理资料不能为假定还有心灵主义推论的解释性理论提供根据。由物理学资料提供根据的理论可以采取超常的飞跃，允许用演绎推出彻底的物理推论（物质与能量可相互转化，重力使光发生折射）。但是，没有心灵主义的证据，就没有理由用心理内容来解释物理事件。（某人从干旱推断雨神发怒，他的假说并不只是以物理证据为根据。他对干旱做了心理学的解释，基础是他熟知人的行为方式。任何这类推断，不管是否合乎情理，都不属于物理学。）因此，即使在心理和物理属性后面有共同的终极属性，它们也不处于物理发现的路线上，即只根据可以观察的物理现象做出解释性推断的路线上，因此它们不是物理的属性。

如果存在这样的属性，也只有依靠对心理和物理两种现象的解释性推断才可能发现它们。事实上，这种说法似乎还不如说存在可回溯到两类不同的基本属性的两条完全不同的解释链可信。如果这是正确的，那么，由于基本的属性不能被说成是物理属性的那些原因而把它们说成是心理的，也是不恰当的。严格地说，只有为了解释心理现象（包括行为）而推断出的属性才应当称为心理的。这显然承认像抑制、效用函数或普遍语法这样的概念。①它们出现在心理学理论的

---

① 我在《语言学与认识论》中讨论过说这些心理学理论概念属于心理的意思，参见《语言与哲学》，悉尼·胡克编（纽约：纽约大学出版社，1969年）；另参见《弗洛伊德的拟人观》，载《弗洛伊德》，理查德·沃尔海姆编（纽约：道布尔戴出版社，1974年）。

一个层面上，与人们熟悉的心理过程距离并不遥远。但是，即使根据某一标准基本粒子所具有的不是心理的属性，而是既非心理亦非物理的属性，这个论证的结论仍能以修正的形式成立。也许物质存在某些不是物理的属性，有机体的心理属性从它们推断出来。这仍然可以称为泛心论。

第二个问题，关于因果性和突现。不可能有真正的突现这个结论是从因果解释推出的，那么，因果解释是怎样一种观点呢？我说过，一个复杂系统的属性必定源于其成分的属性，加上它们的结合方式。这个论点认为，一贯的联系不能为解释复杂现象提供恰当的基础。因此它拒斥人们经常不精确地称之为休谟式的因果分析。按照休谟的观点，我们的因果必然性观念是一种幻觉，因为我们所曾观察到的一切都是自然的规则和联系，绝没有必然的因果关系。休谟没有想到，实际上我们的原因观念就是自然中恒常连接观念的一个例子。

他说，如果这就是所有的一切，那么因果性就会是一种幻觉，我认为这样说是对的。但是我不认为它是一种幻觉。真正的原因的确使它们的结果成为必然：它们使结果发生或使它们成为它们那样。一贯的联系至多是这种内在的必然性的证据。在我看来，一些基本的实例显然是如此：热使水沸腾，石子使玻璃破碎，磁铁感生电流，风造成波浪。只要热的性质和水的性质不变，在通常的大气压力下，水加热到超过一定的温度是绝对不可能不沸腾的。

甚至在最基本的层面，因果必然性也起作用。电子是带有一定电荷、具有一定质量的粒子。那些属性意味着它将以确定的方式与场或与其他物体相互作用。有些结果可能是或然的，但这并不影响我们的论点。其他的亚原子粒子也同样如此。普通物理学和化学解释肉眼可见的现象，只要它们可以被解释为粒子（有时是基本粒子）的属性及其相互作用的必然结果。它们并不仅仅依赖偶然的联系。

当我们同时考虑复杂系统的属性和它们成分的属性之间的关系时，这一点特别清楚。试看钻石的物理属性。其中有些属性，如形状、大小、重量和晶体结构，是它的成分的物理属性和关系以及当它如此结合时彼此的相互作用所直接蕴含的。其他的属性，如颜色、光亮、硬度，涉及钻石与其他物体之间的相互作用，必须用钻石的成分对其他那些物体的作用来解释。

认为钻石或有机体应当具有真正的（而不只是认识论上的）突现属性的观点是说，那些属性在组织的某些复杂层面出现，但不能用系统成分的任何已知或未知的更基本属性来解释。如果因果关系不过是偶然规则的例子，这种情况就可以在一个复杂层面上与突现属性的因果解释并存。那就很可能有许多这样的一贯的心理-物理联系：“每当一个有机体处于严格的物理状态 P 时，它也处于心理状态 M。”例如，我现在的全部物理状态和心理状态可能就是这样。无疑，更普遍的联系也是存在的。

根据一种联系的观点，用 P 对 M 做出因果的解释就够了。但是对于一种更强的因果律观点，它就不够了。更强的观点要求 P 使得 M 必然发生；但是在这个复杂层面上，不可能发现必然的关系。说我身体的物理状况本身使得我处于心理状况 M，没有任何意义。我大脑中的活动引起我的心理状况，这当然是清楚的，就像当我碰到热锅就引起疼痛一样清楚。这里必定有某种必然性。我们无法理解的是，热量或大脑过程，如何使得感觉必然发生。只要我们对大脑活动保持一种纯物理的概念，这种理解就仍然无法达到。结论是，除非我们准备接受另一种可能，即复杂系统中心理属性的出现根本没有因果的解释，否则，我们就必须把现在认识论上的心理的突现作为一个理由，从而相信复杂系统的成分具有我们尚不了解的属性，这些属性使得这些结果必然发生。

说明心理状态如何必然地出现在物理的有机体身上，这一要求不可能通过发现心理状态和物理的大脑状态之间的一贯联系来满足，虽然心理-物理定律一直是这么构想的。相反，成分的内在属性必须从系统的心理属性所必然遵循的规则去发现。这也许是达不到的，但是如果心理现象具有某种因果性解释，这种属性就必定存在，而且它们不会是物理的。[1]

第三个问题有关**实在论**，是最困难的问题。否认物理属性可能蕴含心理属性的理由是什么？一个生命有机体的生理和行为特征，应当是以那种方式结合起来的基本粒子的物理属性的必然结果，这当然是可以想象的，虽然我们可望拥有的这种解释必定是不完整的。所谓机能的说明也是如此，如果根据它们相互之间的关系、它们与刺激的关系以及与行为的关系来界定它们的话。如果定义足够概括，机能的说明可以出现在各种各样的物理系统中，包括有各种各样行为的有机体在内。不过它的存在仍然可以由使它出现的任何有机体的物理的微小属性所蕴含。

对于行为或机能状态的物理解释并不解释心理状态，因为它并不解释它的主观特征：不能解释任何有意识的心理状态对它的拥有者来说是什么样的。让我简单地说一下我的意思，虽然这是一个很大的论题，不宜在此讨论。[2] 经验的一个特征是主观性，如果它在原则上只能从一种观点，即与具有该经验的存在物相像，或至少在重要属性上与它相像的存在物的观点被充分理解的话。我们自己的经验的现象学性质就是这样主观的。我们大脑中的物理事件则不是。人类生理

① 推断出这样的属性，并不像说鸦片使人入睡因为它具有催眠功效那么没意思。虽然对原因做了如此表述以便蕴含其结果，笑话中所说的相反含义却不能成立。
② 在本书第十二章，我力图对这个观念做了一个比较充分的说明。

学家可能对它们特别感兴趣；但是，在原则上，物理结构和心理结构与我们完全不同的生物也可能同样好地甚至更好地理解它们。为了理解它们，这些生物无须采取我们的观点。可以从外部客观地理解物理的大脑过程，因为它们不是主观的现象。对客观的神经系统的任何描述或分析，无论有多完整，本身都不会蕴含任何非客观的东西，即只能从一种观点、从其状态正在被描述的存在物的观点来理解的东西。人们无法从一个自在之物（*en soi*）引出一个自为之物（*pour soi*）。

并非所有的心理状态都是有意识的，但是它们全都能够产生有意识的状态。因此，从一个有机体的成分的属性引申出来的任何心理属性，都必须显示必然地从它们产生的主观状态。当然，如果像前面提出过的，对行为的解释最终导致既非心理亦非物理的属性，那么，对于行为的物理方面的足够基本的解释，也能解释作为该过程的一个必然部分的主观经验。不过物理属性单独不能产生这个结果；它们并不解释从一个特定的主观的观点看事物是什么样，而是解释从不同的观点、不属于任何人的观点理解，它们在客观上是什么样。

这个鸿沟在逻辑上是无法跨越的。如果一位无形体的上帝想要创造一个有意识的人，他不能指望通过以有机的形式把大量只具有物理属性的分子结合在一起来造人。①已知对某种知觉的现象学说明，有可能从那个观点推出某种客观的事物状态会如何呈现。但是主观的前提看来是必不可少的。当客观状态是一个物理大脑的状态时，同样是如此，而且所呈现的是那个大脑状态中的情形，而并不是观察它是什么情形。

简单说，那就是反对还原论的论证。由于使它依赖于心理的主观性的那种论证方式，我认为它对**实在论**提出了怀疑，虽然我觉得这一点很难解释。

我所定义的**实在论**要能成立，物理有机体必须具有主观的属性。关于这一点似乎无法接受的是，有机体并不具有观点：人或生物具有。试图从有机体的原子分解中发现人的观点的基础似乎是荒谬的，因为那个对象并不是人的经验对之呈现的观点的可能主体。而且如果把主观的状态归之于那个复杂的整体没有道理的话，也就没有根据把原始心理状态归之于它的成分；因此也就不能靠它们来解释有机体具有经验是什么意思。我只能表明对这种不可能性的感觉，因为我对它没有更多可说的。当一只老鼠受惊时，我并不认为那是一个小的物体受了惊。

这种直觉的麻烦在于它毫无结果。还有其他选择吗？我

----

① 参见索尔·克里普克：《命名与必然性》，载《自然语言的语义学》，D.戴维森和G.哈曼编（多德雷赫特：赖德尔出版社，1972年），第340—341页。

想无论是我，还是老鼠，都没有一个可以承担这些心理属性的灵魂。即使我们有灵魂，也解决不了问题，因为在它有可能把握一个非物质东西的观念的范围里，它如何可能具有一个观点同样难以理解。但是如果主观经验的出现并不是某物所拥有的一种属性，它又是什么？它与有机体又有什么关系？很显然，经验以某种方式依赖于物质有机体，即使它们不是它的状态。

我所知道的唯一也许有资格作为另一种选择的观点，是在《哲学研究》中发现的。根据我对维特根斯坦的理解，作为心理状态主体的人（或老鼠），不能等同于一个有机体，或一个灵魂，或任何其他东西。他认为，关于个体的活人的心理状态的所有各种常见命题都是真的；但是，关于什么属性必须由什么东西所拥有却几乎无话可说，如果这些归属要有一句是真的话，对于真值条件的所有这些具体说明都不重要。不过，可以更充分地描述的是使这种归属成为恰当的条件，包括作为证据的理由：是标准而不是真值条件。对第三人称归属而言，理由是行为、刺激、环境和证词（一旦主体学会了相关的心理词汇）。对于自我归属来说，不需要任何作为证据的理由。

虽然有关身体的事实是把心理状态归于他人的标准之一，也是把对他们用来把心理状态归于自己的条件的理解归于他人的标准之一，心理状态并不是身体的状态。这种观点并非还原论的观点。心理状态与行为、物理刺激和生理过程一样真实。事实上它们相互间的地位是对称的，因为物理过程具有心理的（尤其是观察的）标准，正如心理过程具有物理的标准一样。按照维特根斯坦的说法，凡是存在的一切事物，必定以某种方式对称地与其他事物发生联系，使得人们可以对它是否存在公开地表示一致，或至少公开地表示不一致。心理现象通过它们与行为和环境的联系而满足这个条件，不过它们本身就完全是真实的。不能把它们分析为行为的意向或有机体的属性，正如不能把物理现象分析为感觉或观察的多种可能性一样。如果要求说出这些东西究竟是什么，或者有关它们的陈述究竟断定了什么，我们所能给出的答案无一不是浅薄的。

在某些方面这是一个有吸引力的论点。它公正地对待心理的主观性，因为它让无需标准的心理的自我归属处于中心地位。某人对事物的看法，必定与他对其他人对它们的看法的看法结合在一起；不过这些事实与他的观点复杂地联系在一起，而这是可以公开地辨别出来的。如果心理状态可以被归于某些无需观察就能够把它们归于自己的人，这些状态就是主观的，这个观点有明确的根据，因为其他的人可以以同样的方式把同样的状态归于他们自己。既然把这些个体的状态说成是有机体的状态似乎并不正确，这个观点便提供了取代**实在论**的另一种选择。

我与这个观点的分歧在于它过分地依赖我们的语言。它对心理现象的说明基本上是对它们如何被归属的说明，尤其是以第一人称。但是并非所有有意识的存在物都有语言能力，这就留下一个难题，即这个观点如何容纳它们的心理状态的主观性。

我们根据动物的行为、结构和环境而把经验归于动物，但我们归于它们的并不只是行为、结构和环境。那么我们在说些什么？当然，是与我们说到人具有经验时所说的相同的东西。但是此处并没有可用来表明心理的主观性的第一与第三人称归属之间的特殊关系。留给我们的概念以适用于人类为基点，然后根据在普通人类实例中起作用的行为和背景标准，自然地延伸以用于其他的生物。

这肯定是不能令人满意的，因为其他生物的经验当然独立于与人类情况相似的范围以外。它们有它们自己的现实和它们自己的主观性。我认为，在从人类的行为和环境作自然延伸得不出明确结果的情况下，它们却并不具有不明确的特征。请看一个非常明确的例子，如果宇宙飞船上突然出现一些东西，我们无法确定它们是机器还是有意识的存在物，我们感到奇怪的事应当会有一个答案，哪怕这些东西与我们所熟悉的东西迥然不同，以致我们永远无法找到这个答案。它将取决于是否存在某种作为它们是什么样的经验，而不是取决于行为的相似性是否可以证明我们如此说是有充分根据的。

除去心理的主体是什么这个问题之外，这种说法似乎是正确的。它们也许不是身体的状态，但是它们肯定以超出我们语言范围的方式存在。因此不能用人类关于它们的归属的标准来分析。而既然人类的经验具有同样的现实性，同样的情况对它们不也成立？对于经验的第一和第三人称归属的合适条件的说明并没有完全把握住它们是什么。

我要提一下由此产生的问题，即我所运用的经验概念是否符合基本的公开性条件，要成为清楚明确的概念就必须满足这个条件。众所周知，人们要界定某种相似性或某类东西，不能总是指着一个事例说"与此相同"。如果某人想要知道宇宙飞船里出现的东西是否具有经验，却对确定它们有无经验的可能性毫无概念，人们就会怀疑他究竟是否在提出一个明确的问题。我想，在这种情况下意义的条件是满足的，不过我不准备在这里为此辩护。为了使经验的性质和经验的相似成为现实的，经验必须与行为和环境具有系统的联系。不过，为了询问经验是否存在于一个陌生的东西中，我们并不需要知道这些联系是什么。

于是，我似乎得出了一种比维特根斯坦的观点更加"实在论的"观点。这也许是因为，在所有的事情而不只是在心理的问题上，我所得出的观点都比维特根斯坦的观点更加实在论。我相信宇宙飞船里初次出现的东西是否有意识的问题必定有一个答案。维特根斯坦大概会说，这个假定反映出一种无根据的信心：某种构想明确地决定了它自身的用途。那是对它们头脑（或它们所有的代替头脑的什么东西）中的情况的构想，这些情况是不能用解剖来观察的。

无论我会用什么构想来表示这个概念，我确实认为我知道，询问是否存在某种作为它们是什么样的经验是什么意思，决定它们是否有意识的是对那个问题的回答，而不是根据与人类情况类似的证据延伸心理归属的可能性。有意识心理状态是某种东西的真实状态，不管它们属于我还是属于一种陌生的存在物。或许维特根斯坦的观点可以容纳这种直觉，但是目前我还不明白如何可能。

现在我们到了哪一步？我已经表达了对有关心理状态的三种可供选择的解释的不满，这些解释就是：心理状态是身体的状态，心理状态是灵魂的状态，以及我们对心理状态的本质所能说的就是给出它们的归属标准或条件。剩下的是什么？如果它们是世上某种东西的真实状态，如果它们取决于生物体内所发生的某些情况，如果它们与刺激或行为紧密地联系着，再如果该生物并非由一个身体加上某个其他的东西构成，那么，经验除了是那个有机体的状态之外还能是什么？如果在有关心理状态的一种宽泛的意义上承认了实在论，那就很难避免更专门意义上的**实在论**，即为泛心论的论证提供前提的那种**实在论**。

当然这表现了心的哲学中那个致命的措施，即通过排除法进行论证。没有理由认为所有的可能性都已经考虑过，因此，没有理由假设，如果现在所能想象的可能选择都更加不可接受的话，某个观点就是正确的。此外，当物质以某种方式结合，因而一只老鼠或一只苍蝇或一个人开始存在，由此产生的心理状态似乎必须属于那个有机体，因为没有一个更好的家。在论证中实在论也许是最弱的前提，但是目前看来它比它的否定更可信。

因此我认为，应当在为心-身问题开列的互不相容而且没有希望被接受的现有答案清单上补充一个泛心论。否定这个论证的任一前提就可以避免它。否定第一个前提便产生二元论。这将仍然留下心-身之间的因果关系问题：或者（1）那些关系是单纯的联系而不是必然的；或者（2）身体会具有的属性必然对灵魂产生心理影响而灵魂必然对身体产生影响；或者（3）灵魂会具有的属性使它能够被身体作用，反之亦然。如果是（2），则身体会具有心理的或至少非物理的属性。如果是（3），则灵魂既会有心理的属性，也会有物理的属性。

对第二个前提的否定在当代哲学家中相当常见，但是接受由此产生的各种还原论的唯一动机，我看就是想要让心-身问题消失。它们当中没有一种具有内在的可信性。

对第三个前提即**实在论**的否定，更加有吸引力，但是有待于发展一种可行的替代方法，承认心理现象的实在性，但不把它们归于作为主体的有机体或灵魂。

对第四个前提即非突现论的否定，包括承认存在连接复杂的有机体状态与心理状态的不可还原的偶然规则。在某种意义上，这就意味着心理状态没有因果的解释，即它们不因为任何东西而成为必然的。我不相信世界是那样的，不过在这里，像其他的前提一样，人们可以选择那条岔道。更充分地发展所有那些可能的选择会是有益的。

至于泛心论，很难想象一条解释性推断链如何可能从整个动物界的心理状态退回到无生命物的原始心理属性。这是一种我们无法想象的分解，也许是无法理解的。也许构成某个观点的成分本身是不必有观点的。（单个的自我如何可能由许多自我构成？）然而它们也许必须重新组合以构成不同的观点，因为一个单个有机体不仅能够具有不同的经验，而且它的物质可以重新组合以构成具有完全不同的经验形式的其他有机体。因此，一切物质的心理属性必定不会是人类特有的，而是普遍的，因为它们会成为一切可能的意识形式的基础。在某种意义上，它们不比任何特殊形式主观。

这个意义上的泛心论在逻辑上并不蕴含那种更普通的泛

心论。按照后者，树木花草，甚至岩石湖泊，还有血液细胞，都具有某种意识。不过，就我们自己和动物的情况而言，我们对于意识如何从物质产生并使我们能够认识它这一点所知甚少，因此，如果断言意识不会作为造就我们的物质的相同基本属性的结果而在其他复杂系统，甚至在大到星系的系统中存在，将会是武断的。①

---

① 我在这个论题上的观点，尤其是物理现象的概念和必然性在因果解释中的作用，受到丽贝卡·戈尔茨坦和威廉·L.斯坦顿的强烈影响。他们自己的观点在斯坦顿的《异常的一元论和作为心理的心理》（博士论文，普林斯顿大学，1975年）和戈尔茨坦的《还原，实在论和心》（博士论文，普林斯顿大学，1976年）中做了阐述。

第十四章　主观的与客观的

　　有一个问题出现在哲学的好几个领域中，而这些领域相互之间的关系并不明显。我认为可以给这个问题一种普遍形式，而且有可能脱开具体实例对它做出抽象的论述，最后可以把得出的结论用于这些实例。本文的论述只是一个初步的概要，我希望以后会有更充分的论述。

　　这个问题就是主观的观点与客观的观点之间的对立问题。有这么一种倾向，对于一切事物，总想在承认它的实在性之前，先找到一种客观的说明。但是一种更加主观的观点所看到的东西，常常是不能做出这样的说明的。因此，或者关于这个世界的客观概念是不完整的，或者包含错觉在内的主观观点都应当被拒绝。

　　我将以采自伦理学和形而上学的一些例子作为开始，而不试图先给一些术语做界定。在论述的过程中，它们之间的相似之处将会显示出来。

　　首先考虑一个有关人生的意义的问题。[①] 有一种方法从生活内部考察人类的追求，它允许根据另一些活动来说明某些活动是有理由的，但不允许我们对整个事情的意义提出疑问，除非我们是从生活内部发问：根据生活不同部分的相对重要性，我们把精力或注意力分配给它们是否有意义。这种观点受到另一种观点的挑战，后者从一种超脱具体的或普遍的人类目标的立场看待人生。它发觉，人，特别是人自身，是没有意义的，而且是荒诞的，因为他们似乎用行动赋予他们的生活以重要意义，尽管他们也能理解一种使他们显得无足轻重的更广阔的观点。

这两种观点都要求优先权。内在的观点问，外在的观点认为个体的生活没有意义有什么要紧？生活是从内部过的，有关意义的争端只有当它能够从内部提出时才是有意义的。因此，从我生活外部的一种观点看认为我的生活不重要，这并不要紧。

相反，外在的观点在它的观察范围内理解所有的目标和承诺并以此衡量内在的意义。它把自己描述为个体看待世界和他本人在世界中地位的正确方法：大画面。他自然地养成了这种超脱，以抵御纯粹内在观点的以自我为中心的扭曲，并纠正由于他过于独特的本性和环境方面的偶然因素所造成的狭隘主义。不过它并非只是起纠正作用的。它要求作为有

---

① 参见本书第二章。

关事物实际状况的唯一完整的概念而占有支配地位。这种支配不是从外部强加的，而是从客观性对个体思考的固有吸引力引申出来的。人生似乎是荒诞的，因为在人自己看来是荒诞的，如果他采取一种自然而有吸引力的观点的话。

我要考察的第二个例子是自由意志问题。这个问题最初产生，是因为一种认为行为由先前的环境决定的假说威胁到自由意志力的作用。人们曾经做过许多努力，想用与决定论相容的词语，参照意图、动机、二级意志、能力、无妨碍或强制等，来分析意志力的作用。取得的真正进展在于把意志力作用的必要条件具体化，但是这些条件本身受限定的可能性似乎仍然对通常的行为概念的某种要素造成威胁。[①]它们也许是必要的，但似乎并不是充分的。

然而，其后的一步却是发现，决定论的不存在并不意味着自由意志力的作用，虽然看上去决定论的存在对它造成威胁。没有原因的行为并不比那些由先前的环境引起的行为更可以归于行为者。于是人们感到疑惑，除去决定论不存在之外，自由意志力的作用还需要什么另外的因素，这个因素本

① 论述这个题目的文献数量巨大。近年来最好的三篇文章是 P.F.斯特劳森：《自由与不满》，《英国科学院学报》（1962年）；哈里·G.法兰克福：《意志自由与人的概念》，《哲学杂志》，第63卷（1971年1月14日），第5—20页；加里·沃森：《自由意志力的作用》，《哲学杂志》，第72卷（1975年4月24日），第209—220页。

身对自由而言会不会仍是不充分的。关于自由意志最困难的问题便是说出问题是什么，而人们为了具体说明自由行动的充分条件所做的一切尝试都没能解决它。

最近有人试图用行为者的原因而不是事件的原因来对行为加以分析，[①]这是有启发意义的，因为它揭示出对决定论感到不安的真正根源。问题在于，当人们把某一行为看作一个与其他事件因果地联系在一起的事件时，这个构想没有为某人实施行为留下余地。但是，结果证明，即使一个事件没有因果地与其他事件联系在一起，也并没有为某人实施行为留下余地。于是有些哲学家试图通过让行为者而不是事件作为原因来把握住这个方面。我觉得行为者的原因这个概念无法理解，不过我想我理解提出这个概念的动机。虽然它的肯定的内容含糊不清，它的否定的含义却很明白。通过否认行为是先前环境的结果，它使行为脱离事件的因果序列；通过让行为者作为原因，它避免了使行为成为只是碰巧发生的另一种可能。用一种新的原因来把握住行为的实施，这种尝试注定是要失败的。

不过问题并不在于，意志力作用这个观念与有关被外部看作事件的行为的各种特定概念发生冲突。产生问题的并不是可预测性，因为我做过许多选择，做过许多事情，都是完

---

① 罗德里克·M.奇泽姆：《自由与行为》，载《自由与决定论》，凯特·莱雷尔编（纽约：兰登书屋，1966年）。

全可预测的。问题仅仅在于，当我拣起一个光亮的苹果而不要那个腐烂的苹果时，这是我实施的行为；而对事件的外部说明没有为这一点留下余地，不管是决定论的说明还是非决定论的说明。真正的问题产生于从内部看待行为的观点与任何从外部看待它的观点之间的冲突。把某个行为看作发生的某件事的外在的观点，不论有没有因果意义上的前提，似乎都忽略了行为的实施。

即使用动机、理由、能力、无妨碍或强制来描述一个行为，也并没有把握住行为者自己对他自身作为其根源的看法。在他看来他的行为不同于世界上发生的其他事情，而不仅仅是事情的种类不同，具有不同的原因或根本没有原因。用一种不太明确的说法，它们似乎根本不会发生（除非它们完全超出他的控制），虽然在他实施行为时事情发生了。如果他把其他人也看作行为者，他们的行为似乎也会有同样的性质。用摆脱先行原因的方法来表达意志力的作用这一概念，这种倾向是一个错误，不过是一个可以理解的错误。当行为被看作受先行条件决定的情况下，它作为一个事件的地位就变得很显著。但是经过进一步的研究，从实施行为的行为者的内在的观点看来，把它作为一个事件的解释没有一种能令人满意。

这个问题与道德责任之间的关系是，当我们把我们自己的或其他人的行为仅仅看作总的事件过程的一部分时，把它们归于个体似乎就说不通，我们对某个被我们看作某一行为根源的人所采取的态度也就无法理解了。针对某个行为者所采取的而不只是与他有关的某些态度就失去了立足点。如果某人破坏性很大，我们可能会认为，如果他不存在会更好些；但是如果他只是世界的一个很糟糕的部分，责备他、让他觉得有罪就没有意义了，不管他的行为和动机是有原因的还是非决定论的。[①]

　　我想谈的第三个问题即人格同一性问题，它的真正本质也隐藏在许多讨论之中。这个问题通常表现为，探求时间上分隔的两个经验片段要属于同一个人时所必须满足的条件。人们考虑了各种各样的连续性和相似性，包括物理的、心理的、因果的、情绪的，但是对于人格同一性的某一方面，它们似乎都没有说明。假定他们所提出的条件都得到了满足，仍然存在另外一个问题，那就是在这些条件下，同一个主体或自我是否得到了保持。这个另外的问题不妨这么提出，想象你拥有两个经验中的第一个，并询问另一个经验（与前者有着候补关系）："是的，不过它会是我的吗？"像自由意志一样，真正的问题似乎是要确定那个问题始终存在，而不管人们提出多么天才的解答。

　　看来这另外的问题包含一个假设，即假设有一个保持人

---

① 本书第三章对这些观点做了更充分的讨论。

格同一性的形而上学的自我。但是这会是一个错误，因为，如果它是一个长期拥有自己的同一性的连续的个体，我们对那个自我只会再次提出同样的问题（那个自我仍将是我吗？）。从另一方面来说，如果它长期拥有的唯一同一性仍然作为我，那么它就不能是那个持续存在而保持他的人格同一性的个体。因为那样的话，它的同一性就仅仅在于事实上它所有的经验全都是我的；而那并不能解释是什么使它们全都成为我的。

当人们被看作世界上的存在物，不管是物理的还是心理的存在物，这个问题似乎就不真实了。他们始终存在并变化着，必须用那些词语来描述他们。但是像自由意志问题一样，对于这种形式的候补分析的持续不满，来自问题内部的一个隐蔽的方面，所有外在的论述都没有触及这个方面。从人本身的观点看，将来他与经历某些经验的某人的同一性或非同一性的问题所具有的内容，似乎是用记忆、性格的相似性或身体的连续性所作的任何说明都无法穷尽的。这样的分析从来不会是充分的，从这个观点看，它们甚至不会满足同一性的必要条件。

当某人在内心提出问题，某一过去或将来的经验是否曾是或将是他的经验，这时，只要他集中注意他现在的经验并明确它的主体在时间上的延伸，他就会有一种感觉，即他正在认出某种事物，它的长期同一性明白无误。自我概念是一个心理学概念，这类概念的特征就是引起这样的哲学观念，认为它们的十分清楚地表现在第一人称用法中的主观的本质，可以同更客观的伴随物分离，甚至可以在相当大的程度上脱离与其他心理现象的必然联系。（另一个例子：我们确信，糖在其他人嘴里是不是这个滋味，这是一个非常明白但原则上无法回答的问题。）这也许是一种幻想。完全脱离一切外部条件来谈论"与这一个相同的自我"也许毫无意义。但是造成人格同一性问题的还是这个内在的自我观念。任何把人完全构想成始终存在着的世间某物的尝试，都会碰到这一障碍。经过外在的分析，对主体显现的那个自我似乎就消失了。

我的第四个例子是心-身问题。那个问题特别困难的方面来自经验的主观性。只要客观地从心理状态与刺激和行为的因果关系来看待它们，就不会产生在对其他自然现象作物理分析时不会产生的特殊问题。如果撇开它们的主观的方面，就连意向性问题似乎都是可解决的，因为人们也许可以把某种计算机说成有意向的系统。看来，世界的物理概念中不可能包括有关心理状态对于具有这些状态的生物是什么样的事实。生物以及它的状态似乎属于可以非个人化地、外在地看待的世界。然而心理的主观方面只能从生物本身的观点（或许由另外某个人采取他的观点）来理解，尽管物理的东西简单地存在着，而且可以从一种以上的外在观点来理解。①有什么办法把心理现象也作为简单地存在着的一部分包括在世界中呢?

在这里,非个人化地可理解的现实观念也在维护它的支配权。我们面对的不只是心与身之间的关系问题,或者把心理包括在物理世界中的问题。个人与非个人,或主观与客观之间的更广泛的争端,还产生了一种心的二元论。人们如何可能把一种具有主观属性的心理实体包括在客观的世界中,这个问题与一种物理实体如何可能具有主观属性的问题一样尖锐。

物理之物是一般客观事物的一种理想的代表;因此物理和心理的关系与物理之物和现实的其他客观方面的关系这两种关系之间不妥当的类比使问题变得模糊不清。在提出自由意志问题时,人们用决定论代替外在性或客观性,因此,在提出心-身问题时,就用物理之物代替客观性。所有关于因果作用、理论认同、机能实现的争论,虽然它们本身都很有趣,但没能表达出使心-身问题如此困难的主要争端。而就自由意志和人格同一性来说,内在的因素即使被忽视,也仍然是对所有物理的或其他外在的心的理论持续不满的真正根源。同时,人们(以及有关他们的一切)必定是客观现实的组成部分的想法仍然散发出强大的吸引力。客观性与现实自

---

① 参见本书第十二章。

然地连接在一起；不难发觉，任何东西要想有资格成为现实的，就必须位于客观世界之中，必须具有某些特征以体现它的现实性，这些特征不管是不是物理的，要能被非个人化地、外在地看待。

我想讨论的最后一个例子来自伦理学，有关效果论者与更多以行为者为中心的是非观之间的区别。对功利主义和其他效果论观点的反驳，常常是指责它们没有理由地把有关做什么的问题置于有关什么是最好的总结果的问题之下。这种批评坚持认为，伦理学理论应当留有余地，让每个人去过他自己的生活，而不必处处考虑他为更广泛的目标服务得怎么样；否则，他们就强调需要对那种不能从对全体利益的贡献得到辩护的行为提出某些限制和要求。换言之，准许人做和要求人做的行为有时候可能偏离最好的行为。我把对效果论的两种大不相同的异议放在一起，因为它们虽然也可能彼此对立，但是它们却在同一方向上偏离效果论。就准许过自己的生活而言，这一点很清楚；就对行为提出普遍要求或限制，而不管是什么目标来说，则不那么清楚。

功利主义，或任何其他纯粹效果论的观点，要求十分苛刻。它要求你把追求你自己个人的生活和利益仅仅作为全体利益的组成部分，而不允许只用你的想望或挚爱作为行为的理由。那些考虑完全被一种非个人的观点所包罗，它不给你任何特殊的位置，除非能够得到客观的辩护。从个体的观点出发，非常自然地产生了抵制。个体也许愿意尊重非个人的考虑，但是他受到他自己的生活、他在世上所处地位的独立要求的强烈推动。但这不再是客观价值观与纯粹个体利益之间的冲突，因为这种抵制可以推广。某人认为效果论的要求不可接受，因为它们要求支配他自己的观点，他会自然而然地把他的反对意见扩展到其他人。出于对个人观点的偏爱，他会转到从总体上反对效果论，这将构成一种可供选择的伦理学，而不只是对伦理学的抵制。这种伦理学必须和效果论一样普遍，但是在某一方面它将是主观的，效果论则不是。每一个人都可以在一定的范围内集中精力过他的生活，而且不会有一个单一的、可客观描述的、每一个人的行为都必须参照它来辩护的目标。

在这个意义上，抵制效果论说明的义务论要求也是主观的。对谋杀、撒谎、背叛、侵犯或强制的约束，虽然意在普遍运用，却把行为者对其他人的特殊关系与每一个人应当全力促进的唯一目标的概念对立起来。它们是以行为者为中心的，不过是以一种不同的方式。与那些以行为者为中心的许可不同，这些限制的真正根源，不是行为者，而是那些潜在的受害者，要对他们的权利进行保护。不过侵犯那些权利的不道德性，意味着对每一个人的限制，即不能侵犯它们；而不是一个要求，要他努力把对它们的总的侵犯减少到最低限度（哪怕这意味着他自己侵犯了一点别人的权利）。[1]义务论的要求以行为者为中心，因为它们指示每一个人仅仅从他在世上的地位和他与其他人的直接关系的观点来判定他的行为的对或错。基本的道德概念是对和错，而不是好和坏，这个观念本身蕴含着人们主要关心的是人的行为的性质，而不是整个世界。[2]

如果说对效果论的两种异议相互之间存在观点上的差别的话，那就是前者仅仅来自个体行为者的观点，而后者是在当他以某种方式考虑他自己的观点、同时也考虑他的行动直接相关的那些人的观点时出现的。义务论的限制则居于纯粹个体的动机和完全客观的价值观之间。

功利主义是否确有反功利主义批评家归之于它的后果，关于这一点经常发生争论，这些争论乃是对功利主义的激进解释与温和解释之间的更广泛争论中的某些方面。关于其他可供选择的观点的表述同样存在争论：它们的绝对程度如何，它们是否应当用个人权利、自由、自我实现或人与人之间的承诺来说明。不过冲突的本质比这些供选择观点的确切性质更清楚。问题在于行为者的个人立场对于决定他应当做

---

① 参见本书第五章。

② 查尔斯·弗里德对这种道德理论作了阐述：《对与错》（马萨诸塞州，剑桥：哈佛大学出版社，1978年）。塞缪尔·谢夫勒提出了一种中间的观点：《行为者与结果》（博士论文，普林斯顿大学，1977年）。他捍卫以行为者为中心的许可，但反对以行为者为中心的要求，认为没有可理解的根据。

或可能做什么会有什么影响。

很显然，它不可能不以某种方式发生影响。即使按照效果论者的观点，某人应当做什么也将取决于他有可能做什么，并取决于可能结果的相对可取性。不过，某人应当做某事的效果论的判断，实质上是说如果某人做了这件事将是最好的，也就是说它应当发生。人们应当做的事情，是使自己尽可能地变成为实现永恒形式下的最好的结果服务的工具。

相反，以行为者为中心的观点在判定什么是对、什么是错、什么是可允许的事情时，至少部分地以个体的生活、他在世上的作用以及他与其他人的关系为基础。以行为者为中心的道德观首先考虑做什么的问题，这是个体的行为者所问的一个问题，而且并不认为对它的回答只能是说，如果他做了什么事将会是永恒形式下的最好的结果。还可以认为，关于什么将是最好的结果的考虑，在决定做什么当中的地位并不明显，而且必须通过分析以行为者为中心的选择及其理由来确定。

因此，真正的争端在于，两种看待世界的方式在行为问题上的相对优先权。一方面，有这样一种论点，即人们的决定最终应当根据一种外部的观点来检验，在这种观点看来，某人只是其他人中间的一个人。于是问题成为："最好的结果是什么？根据外部事物客观地看，我有能力做到的行为中哪一个会最有利？"这种观点凭借更大的广泛性而要求优先权。据称，从一个更大的视角可以公正地看待行为者的处境。①

另一方面，有这样一种论点，既然一个行为者是从他所在的地方开始过他的生活，即使他设法达到对他的处境的一种客观的看法，不管从这种超脱产生怎样的洞见，在它们能够影响决定和行动之前，都需要先成为个人观点的一部分。对客观上最好的东西的追求也许是个人生活中的一个重要方面，但是它在那个生活中的地位必须根据个人的观点来确定，因为生活总是某个特定个体的生活，不可能在永恒的角度下生活。②

这种对立似乎陷于僵局，因为每一种观点都声称高于另一种观点，认为自己把对方包含在内。客观的观点所理解的世界包括个体和他的个人观点。相反，个人的观点认为，客观思考的意见只是任何个体对世界的总看法的一部分。

这个问题清单还可以扩展。显然，调和主观的与客观的观点的困难，产生于时空问题、死亡问题，并贯穿于整个知

---

① 在《利他主义的可能性》（牛津：牛津大学出版社，1970 年）中，我为这种论点的一种说法做了辩护。

② 伯纳德·威廉斯对这个论点作了很有说服力的描述，参见《对功利主义的一个批评》，载 J.J.C.斯马特和伯纳德·威廉斯著：《功利主义：赞成和反对》（剑桥：剑桥大学出版社，1973 年）。另参见《人，性格和道德观》，载《人的同一性》，阿梅利·罗蒂编（伯克利：加利福尼亚大学出版社，1976 年），他在那里不仅坚决要求从人们自己生活内部的观点出发，而且要求从现在的观点出发。德里克·帕菲特在他关于审慎的怀疑论著作（尚未发表）中对这种主观的观点退缩到当下时刻的倾向做了评论。

识理论。或许这个问题最纯粹的形式是某种怀疑的意识，怀疑某人竟会是任何特定的人，存在于宇宙中某个特定的时间和地点的某个类中的某个特殊的个体。这些问题有一种模式，使我们有理由在它们的背后发现一个共同的哲学难题，它被它们的差异性所掩盖，有时候被它们对不恰当结论的处理所忽视。以下我将讨论对付这个难题的某些策略。但是先让我讨论一下它的不同形式之间的相似之处。

虽然我将谈论主观的观点和客观的观点，这只是一种简略的表达方式，因为并不存在两个这样的观点，甚至也不存在可以把更多的特定观点归于其中的两个这样的类别。相反，存在一种两极对立。对立的一端是一个有着独特的本性、处境以及与世界其他部分的关系的特定个体的观点。从这里走向更大的客观性，首先要通过抽象超脱个体在世界上的独特的空间、时间和人际的位置，然后超脱使他与其他人区分开来的特征，然后逐渐超脱人类特有的知觉和行为形式，然后超脱人对空间、时间和数量的狭隘的度量范围，形成对世界的一种概念，尽可能地有别于在世界中的任何地方所采取的观点。这个过程很可能没有终点，不过它的目标是把世界看作没有中心的，而观看者只是它的成分之一。

主观与客观之间的区别是相对的。一般的人的观点比你从碰巧所在之处持有的观点更客观，但没有物理学的观点客观。凡在一种观点声称比另一种更主观的观点占优势、而这种声称遭到抵制的地方，处处都可能出现主观与客观的对立。在伦理学有关效果论的争论中，它表现为对人生的内在的观点与外在的观点之间的冲突，这两种观点都充分承认人的关注与目标的重要性。在心-身问题中，它表现为对人的一种内在的人的观点与物理学理论的外在的观点之间的冲突。在人格同一性问题中，它表现为特定个体对他自己的过去和未来的观点，与其他人可能把他看作一个以身体和心理的持续性为特征的持续的有意识的存在的观点之间的冲突。

我想要强调的另一点是，更主观的观点并不一定是更私人的。一般说来，它是主体间可共通的。我认为关于经验、行为、自我的主观观念，在某种意义上是公共的即共同的属性。正因为此，心-身问题、自由意志问题和人格同一性问题，并非只是有关某人自己情况的问题。

我不可能在此论述维特根斯坦关于规则的公共性以及概念的公共性的论证。①我相信他是对的，甚至我们最主观的现象学概念都在某种意义上是公共的。不过它们的公共性，完全不同于用来描述物理世界的概念的公共性。不同个体对他们自己经验的观点的协调，完全不同于他们对外部世界的观点的协调。前一种情况与不同个体共有对同一物体的某种观点完全不同。维特根斯坦关于感觉的论点是说，感觉只是

---

① 路德维希·维特根斯坦：《哲学研究》（牛津：布莱克韦尔出版社，1953年）。

表面现象，因此它们的属性并不是向具有感觉的人们呈现的物体的属性，而且它们的属性中的相似性，并不是这些物体的属性中的相似性。相反，它是表面现象中的相似性。它是不可还原地主观的现象之间的相似性。只有当我们承认了它们的主观性——每一个本质上都是对某人的一个呈现这一事实——我们才能理解感觉不是私人的，而是可以公共地比较的特殊方式。私人的对象或感觉资料的观点乃是把本质上主观的东西错误地客观化的一个例子。

由于某种主体间的一致以甚至最主观的东西为特征，因而转向一种较客观的观点就不是仅仅通过主体间的一致所能达到的。它也不是通过扩大想象范围、使人接触许多主观的观点而不只是自己的观点来进行的。在所有引证过的例子中，它的本质特征都是外在性或超脱性。人们试图不从世界内部的某一地点看待世界，不从某种特殊的生活和觉知的有利地位看它，而是从根本没有任何特殊性的地方和没有任何特殊性的生活方式出发。目标是削弱使得事物如此呈现的我们的前反思观点的特征，从而达到对事物的真正性质的理解。一切事物必定是不按任何观点而自在地存在的某物，我们在这种假设的压力下想要逃避主观性。通过越来越超脱我们自己的观点来把握这一点，这是追求客观性所想要达到但却无法达到的理想。

就伦理学、认识论或形而上学的大多数论题而论，都可以发现这种两极对立的某种形式。不同现象的相对主观性或客观性只是程度问题，但是面对一种更外在的观点的相同压力却处处可见。人们承认，某人自己的观点可能由于他的性格或处境的偶然因素而扭曲。为了弥补这些扭曲，必须或者减少对那些使它们变得十分明显的知觉形式或判断形式的依赖，或者分析扭曲的机制并明确地减少它们的影响。人们开始对照客观性的这一发展来定义主观性。

问题之所以出现，就因为同一个体是两种观点的持有者。为了努力理解和减少他的特殊禀性的扭曲的影响，他必须依靠他的禀性中他认为不太容易受这种影响的某些方面。为了这个目的，他用他自己的某一特意挑选的部分考察他自己以及他与世界的相互作用。那一部分后来又反过来被仔细考察，这种过程也许没有终点。但是，挑选值得信任的从属部分显然存在问题。

挑选可依靠的部分在一定程度上以下述观念为基础：一个表面现象对于这一特定自我的偶然因素的依赖越少，就越是可能从各种观点达到这一现象。如果事物有一种真实的存在方式，它能解释它们向具有不同本性和处境的观察者呈现的各种表面现象，那么，能够最精确地理解它的方法就不是特定类型的观察者所特有的。正因为此，科学测量方法在我们与世界之间设置了一些仪器，它们与世界之间的相互作用是同一类型的，不具有人类感觉的生物也能察觉这种作用。

客观性不仅要求摆脱某人的个体观点，而且要求尽可能地摆脱人类甚至哺乳动物特有的观点。就是说，如果当某人越来越少地依赖他的特殊观点时他还能够保留某种观点的话，它将是更符合现实的。使得不同观点的结论互不相容的那些方面，就是对事物的真实性质的歪曲。而如果存在正确观点的话，它肯定不会是某人从他在世界上碰巧所在之处得出的未经修改的观点。它必定是这样一种观点，它把某人自身包括在内，连同他的本性和环境方面的所有偶然因素，让他处在其他被观看的事物中间，而不给他任何特别的中心地位。而且它必须同样超脱地对待某人作为其一个例子的那个类。对事物的正确观点不可能是事物自然地向人类呈现的那样，正如不可能是从这里看上去的那样。

因此对客观性的追求涉及以两种方式对自我的超越：对独特性的超越和对某人的类的超越。必须把它与另一种超越区分开来，根据那种超越，某人在想象中进入其他的主观观点，试图弄明白从其他特殊观点看事物是什么样。客观的超越的目标是表述外在于所有特殊观点的东西：自在的存在，即本身具有价值而不是对任何人具有价值的东西。虽然它运用任何现有的观点作为表述的工具（人类在思考物理现象时总是利用视觉的图像和标志），它的目标是表述事物的真实性质，而不是对于任何人或任何存在的类是什么样。这个雄心勃勃的计划假定，被表述的东西是可以同表述方式分离的，因此，不具有与我们相同的感觉形式的生物也能表述同样的物理定律。

虽然对于如何实现这种超越存有问题，它无疑是提高我们的理解力的重要方式之一。我们抑制不住地总想扩展它，总想一步一步地把越来越多的生活和世界纳入它的范围。但是，由于它的包罗万象的雄心，它必定要返回到它自身，这时，对于更大的客观性的持续追求就遇上了麻烦，就产生了我所描述过的哲学问题。

当客观的观点遇到某种主观地显示为它所无法容纳的东西时，麻烦就出现了。它所声称的包罗万象性就将受到威胁。难以接受的东西或许是某一事实，或许是某种价值。人格同一性问题和心-身问题之所以产生，是因为当某人上升到一种更客观的观点时，关于自我的某些主观上很明显的事实似乎就消失了。有关效果论的问题和生活意义的问题之所以产生，也是因为某些个人的价值由于上升到一个越来越超脱、越来越非个人化的观点而消失。自由意志的问题则把这两种结果结合在一起。

在任何一种情况，看来都必须做出某种让步，因为两种自然而必要的思维方式发生了冲突，不做改变就无法容纳在关于事物性质的一个观点中。不过即使允许改变，选择看来也是有限的和令人不快的。如果人们想要坚持一切现实的东西都必须接受一种客观的描述，那么，对于任何顽抗的主观方面似乎可有三种做法：还原、排除以及合并。

第一，还原：人们可能会尽力保留这些现象，把它们容纳在客观的解释中。因而，人们也许会用效果论来说明权利、特殊义务或可允许的利己主义形式。或者，人们可以用行为标准来分析经验，用某些原因来分析自由意志力的作用，用身体或心理的持续性来分析人格同一性。

第二，排除：如果还原的办法不可信，人们也许就不再考虑把主观的观点判为幻觉，或许会为它如何产生提出某种解释。例如，人们也许会说，并不存在纯粹的人格同一性，或自由意志力的作用。人们甚至可能说，不存在经验的主观性，经验可以由它们的因果作用得到充分的刻画，而并不拥有另外的现象学的属性。人们可能拒绝义务论的要求和其他非效果论的伦理直觉，斥之为迷信、自私或墨守成规。

第三，合并：如果人们未能把主观的经验还原到常见的客观的地位，又不愿意直接否认它的现实性，他们可能为了把这个顽抗的因素包括进去而特意发明一种新的客观现实的因素：意志、自我、灵魂或上帝的命令。然而，这些形而上学的发明看上去能够满足这个目的，只是因为它们的含糊性使得人们不能明显地看出，对于它们将会产生同样的主观性问题，如果它们的确属于客观现实的话。试图扩展我们的客观世界的概念以包括任何主观地显示的东西并没有好处，因为问题并未被排除掉。空间和时间的客观概念不会因为排除了此时此地的认同就成为可挑剔的。任何包括这种认同的概念都不会是客观的，任何客观的认识都不可能获得这种认同。这也适用于下述预言：一旦我们对心理的现象有了系统的认识，即使它们不被还原到已经被公认为物理的地位，最终也将被看作物理现象。①简单地把所有已经不属于客观的（甚至物理的）世界的东西合并到这个世界中去，并不能使我们由此而解决这些问题。

唯一可能替代这些无法令人满意的做法的选择，就是抵制对客观性的贪婪的欲望，不要再去假设，如果超脱我们在世界中的地位并把从那里呈现的一切都包括在一个更广泛的概念中，就可以一直增进我们对世界和我们在世界中的地位的理解。也许最好最正确的观点并不是通过尽可能地超越自己而获得。也许不应当把现实与客观的现实相等同。问题在于解释为什么客观性作为一种理解的包罗万象的理想是不充分的，而不要指责它没有把它不可能包括的主观因素包括在内。自然，我们对于事物的客观理解中总是存有改进的余地，不过我所考虑的建议并不是说客观的描述不完整，而是说它在本质上只是部分而已。

这个建议可能比它看上去更难接受，因为它意味着并没有一种事物自在的存在方式。即使人们承认涉及某一特定观

---

① 参见诺姆·乔姆斯基：《语言与心灵》(纽约：哈考特、布雷斯与世界出版社，1968年)，第83—84页。

点的事实或价值，也很容易认为，从特定的观点看某物是这样，必定是因为有其他某物不依赖任何观点而处于这种情况。（这里说的其他某物当然可以包括某种客观的关系。）那些认为不存在客观价值的人，可能试图用有关个体的客观事实分析主观价值的存在，在那些个体看来它们是价值。其他的人则用客观的价值分析显然是主观的价值。[①]心的哲学总是拒绝承认，当某物在某人看来是红色时，也许并不存在真正被达到的客观事实。

唯心主义的传统，包括当代的现象学，当然承认主观的观点是基本的，并相应地否认一种不可还原的客观现实。我集中讨论为了解决这个冲突而把一切客观化的倾向，因为尽管有维特根斯坦，这种倾向在近代分析哲学中占了上风。但是我发现，由于同样的原因，唯心主义的解决办法也不可接受：客观的现实和主观的现实一样不能被分析或排斥为不存在。即使并非一切东西都不依赖任何观点而存在，有些东西却是如此。

唯心主义与它的客观化对手有着相同的深厚根源：坚信单独一个世界不可能既包容不可还原的观点，又包容不可还原的客观现实，它们当中必定有一个是真正存在的，而另一个则可以还原为它或依赖于它。这是一种强有力的观念。否

---

① 例如，G.E.穆尔：《伦理学原理》（剑桥：剑桥大学出版社，1903年），第99页。

认它，就是在某种意义上否认存在一个独一无二的世界。

我们必须承认，向客观性靠拢揭示了与事物呈现的面貌相对的事物本身是什么样；而不只是与其他观点相对的对某一个人呈现的比较严格的观点。因此当客观的注视转向无疑是世界组成部分的人类和其他经验着的生物时，它所揭示的只能是他们本身是什么样的。而如果事物对这些主体呈现的面貌不是事物本身面貌的一部分，那么，一种客观的说明不管说明了什么，都将遗漏某些东西。因此，现实不只是客观的现实，而追求客观性并不是达到有关一切事物的真理的同样有效的方法。

可以想象一切事物都有某些客观的属性。我不知道把物理的和现象学的属性归于同一事物是否说得通，不过也许就连经验也是事件，可以在一定程度上作客观的或许是物理的描述。但是使它们成为经验的属性，只有从具有那些经验的人的观点来看才是存在的。

既然我们并不是宇宙中唯一的生物，一种普遍的现实概念就会要求一种普遍的经验概念，它承认我们自己的主观的观点乃是经验的一种特例。这就完全超出了我们的控制范围，而且只要人类继续存在，这种情况很可能将继续下去。

比较而言，客观性是有吸引力的。通过逐渐超脱我们自己的观点，我们可以追求一种统一的虽然极其苍白的现实概念。我们只需把我们正在超越的东西记在心里，而不要上当，以为我们已经让它消失了。对于有关自由意志、人格同一性、以行为者为中心的道德观或心与身关系的哲学问题来说，这一点特别重要，不能脱离主观的观点来论述它们，它们的存在依赖于这些观点。

超越自己和自己的类的冲动所具有的力量如此巨大，它的收益如此丰厚，因此，承认客观性有其限度，看来并不会给它造成严重的障碍。虽然我为一种浪漫主义做了论证，我并不是一个极端主义者。承认两极对立，而不让其中的任何一端吞没另一端，应当是一项创造性的任务。我认为，在我们有关如何生活的思想和有关何物存在的概念中，都不应当存在最终的统一这个目标。在超脱偶然的自我方面程度各不相同的相互冲突的观点的共存，不只是一种实际上无法避免的错觉，而且是一种不可还原的生活事实。

译后记

    本书作者托马斯·内格尔是一位著名的当代美国哲学家。他出生于1937年，1958年毕业于康奈尔大学，1960年获牛津大学哲学学士学位，1963年获哈佛大学哲学博士学位；先后执教于加利福尼亚大学伯克利分校、普林斯顿大学和纽约大学，曾任纽约大学哲学系主任，现为纽约大学哲学与法学教授、美国艺术与科学院院士、英国科学院院士、牛津大学荣誉研究员、《哲学与公共事务》季刊副主编。他的主要著作有《利他主义的可能性》(1970年)、《人的问题》(1979年)、《不知出自何处的观点》(1986年)、《哲学入门》(1987年)、《平等与偏袒》(1991年)、《他人之心：1969—1994年批评文集》(1995年)、《理性的权威》(1997年)以及《心的宇宙》(2012年)等。

    《人的问题》一书1979年由剑桥大学出版社出版，当年即获重印，以后每年印行一次，1991年被收入剑桥大学出版社的大众经典"Canto edition"，此后又多次重印。本书被视为 20 世纪 70 年代以后英美最有影响的哲学著作之一。曾经有人这样评论:"如果有人能够抓住并保持普通读者的注意力,那一定是《人的问题》的作者托马斯·内格尔。"

一些西方哲学家把 20 世纪称为"分析的时代",在这个世纪中,西方哲学影响范围最广的也许要算各种形式的分析哲学。英美分析哲学的共同特点便是反对像传统哲学那样构筑体系,特别反对思辨的形而上学,力图取消传统哲学的各种争论,把全部哲学归结为语言和逻辑的分析。许多分析哲学家往往忽略哲学的基本问题,注重于命题研究、语词分析,以致有书斋空论甚至语言游戏之嫌。

与这种情况形成对照,托马斯·内格尔以训练有素而富有创意的头脑思考一系列"人的问题"。他认为,哲学不应该成为架空的理论,而应该成为一把理解生活的不可或缺的钥匙。他所关注的是每个人都可能对自己提出的一些问题:我们真的有自由意志吗? 我们为什么要有道德? 思维和大脑的关系是什么? 死后有没有生命? 如何面对死亡? 在一个如此浩渺的宇宙里,我们所做的一切真的有意义吗? 如果没有意义又怎样理解? 他所讨论的问题,正是许多分析哲学家有意回避而一般读者殷切关心的问题。

《人的问题》一书集中地体现了作者的理论旨趣。全书由十四篇文章组成,探讨的是某些有关人生的目的、意义和价值的根本问题。这些问题都与人的生活相关，都是只有人——这种具备意识能力和自我超越能力的生物——才会提出并思考的问题：如何理解人生以及如何度过人生。从这些文章中我们可以看到，与我们对待死亡、性行为、社会不平等、战争和政治权力的态度有关的那些问题，如何导致有关人格同一性、意识、自由和价值等更显然地属于哲学的问题。作者思考哲学的兴趣中心，是个体的人生观及其与各种非个人的实在概念的关系这一问题，或者说，是如何理解主观的观点与客观的观点的关系问题。正是这个问题把全书的各篇文章连在一起。这个问题突破了哲学内部的界线，从伦理学延伸到形而上学。同样出于对主观性在一个客观世界中的地位问题的关注，引发了论述心的哲学、论荒诞、论道德运气的文章。还有一些文章是对公共政策的哲学批判。

作为一个职业哲学家，作者的写作风格是分析哲学家们始终推崇的那种风格，简明而清晰。但是本书所涵盖的问题是重大而困难的，作者的思考也是缜密而又复杂的。作者对那些问题所做的论述，使不是哲学家但对哲学感兴趣的人能够切实地感受到哲学探讨的激动人心之处和重大意义之所在，使人们感觉到：哲学的问题其实是普通人都有必要关心的问题，哲学之所以能够吸引并困扰一代又一代思想家，自有其道理。

正如作者自己在序言中所述，他的哲学态度是："相信问题甚于解答，相信直觉甚于论据，相信多元论的不和谐甚于系统化的和谐"。在自由意志、心-身问题、形而上学等问题上，作者都不准备也不可能提供最终答案，而是以他自己特有的思路和风格梳理了各个领域里存在的问题，对这一类问题做了探讨性的阐述，并且鼓励读者自己进行思考。他指出，也许有些哲学问题本来没有答案。那些最深刻、最古老的问题便是如此。在有些问题上，我们只能保持对答案的一种渴望，对长期找不到答案的一种宽容，同时坚信会有一种表达清楚、论据有力的合理性标准。

作者认为道德判断和道德理论可以用于公共问题，但是他对把伦理学理论看作为公众服务的一种形式则持悲观态度。像认识论上的怀疑论一样，伦理学上的悲观论产生于一种理解我们人类局限性的能力。正是由于人类行为的局限性，那种以为我们可能面对的每一个道德问题都有明确答案的想法过于天真。伦理学意味着对行为而不只是对信念的控制。在试图解决伦理学问题时，我们试图弄明白应当如何生活，应当如何对待他人，以及应当如何组织和安排我们的社会体制。问题关系到许多人的行为，而答案必须为许多人接受并内在化才能生效。除去理论的原因，这种悲观论的态度与社会实践中的各种道德困境也不无深刻关联。

如果说，哲学思考的价值并不在于给出明确无误的答案，而在于激发人们进一步的探讨和研究的话，那么，笔者译介本书的初衷，也只是希望能有助于人们更好地了解当代英美哲学在伦理学、认识论以及心的哲学等领域里的理论现状和发展趋势，并激发更多的人对哲学重大问题的兴趣和思考。

　　本书中译本初版于 2000 年，译文出版社的汪绍麟先生和宋伟民先生对译稿做了仔细审读和校正。此次重版，莫晓敏编辑又对译稿做了认真审读和加工。谨对他们的辛勤工作表示诚挚的谢意。

万　以

Thomas Nagel

MORTAL QUESTIONS

Copyright © by Thomas Nagel

Cambridge University Press，1997

根据英国剑桥大学出版社 1997 年版译出

Chinese translation copyright © 2021

by Shanghai Translation Publishing House

图字：09‐1999‐053 号

图书在版编目(CIP)数据

人的问题/(美) 托马斯·内格尔(Thomas Nagel)
著;万以译.—上海:上海译文出版社,2021.10(2023.1重印)
(译文经典)
 书名原文:Mortal Questions
 ISBN 978‐7‐5327‐8808‐8

 Ⅰ.①人… Ⅱ.①托… ②万… Ⅲ.①人生哲学
Ⅳ.①B821

中国版本图书馆 CIP 数据核字(2021)第 181869 号

人的问题

〔美〕托马斯·内格尔 著 万 以 译
责任编辑/刘宇婷 薛 倩 装帧设计/张志全工作室

上海译文出版社有限公司出版、发行
网址:www.yiwen.com.cn
201101 上海市闵行区号景路159弄B座
山东韵杰文化科技有限公司印刷

开本787×1092 1/32 印张9.75 插页5 字数158,000
2021 年 10 月第 1 版 2023 年 1 月第 2 次印刷
印数:6,001—9,000 册

ISBN 978‐7‐5327‐8808‐8/B·515
定价:72.00 元

本书中文简体字专有出版权归本社独家所有,非经本社同意不得转载、摘编或复制
如有质量问题,请与承印厂质量科联系。T: 0533‐8510898